60대에 홀로 떠난 미국 횡단 자전거여행

민병옥 지음

★ BRAVO YOLO!

199
395
5
101
80
50
Sacramento
San Francisco
San Jose
WASHINGTON
MONTANA
OREGON
IDAHO
WYOMING
NEVADA
UTAH
COLORADO
NEW MEXICO
ARIZONA
NEBRASKA
KANSAS
NORTH DAKOTA

60대에 홀로 떠난 미국 횡단 자전거여행

BRAVO YOLO!

민병옥 지음

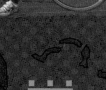

시타델 CITADEL Publishing

목차

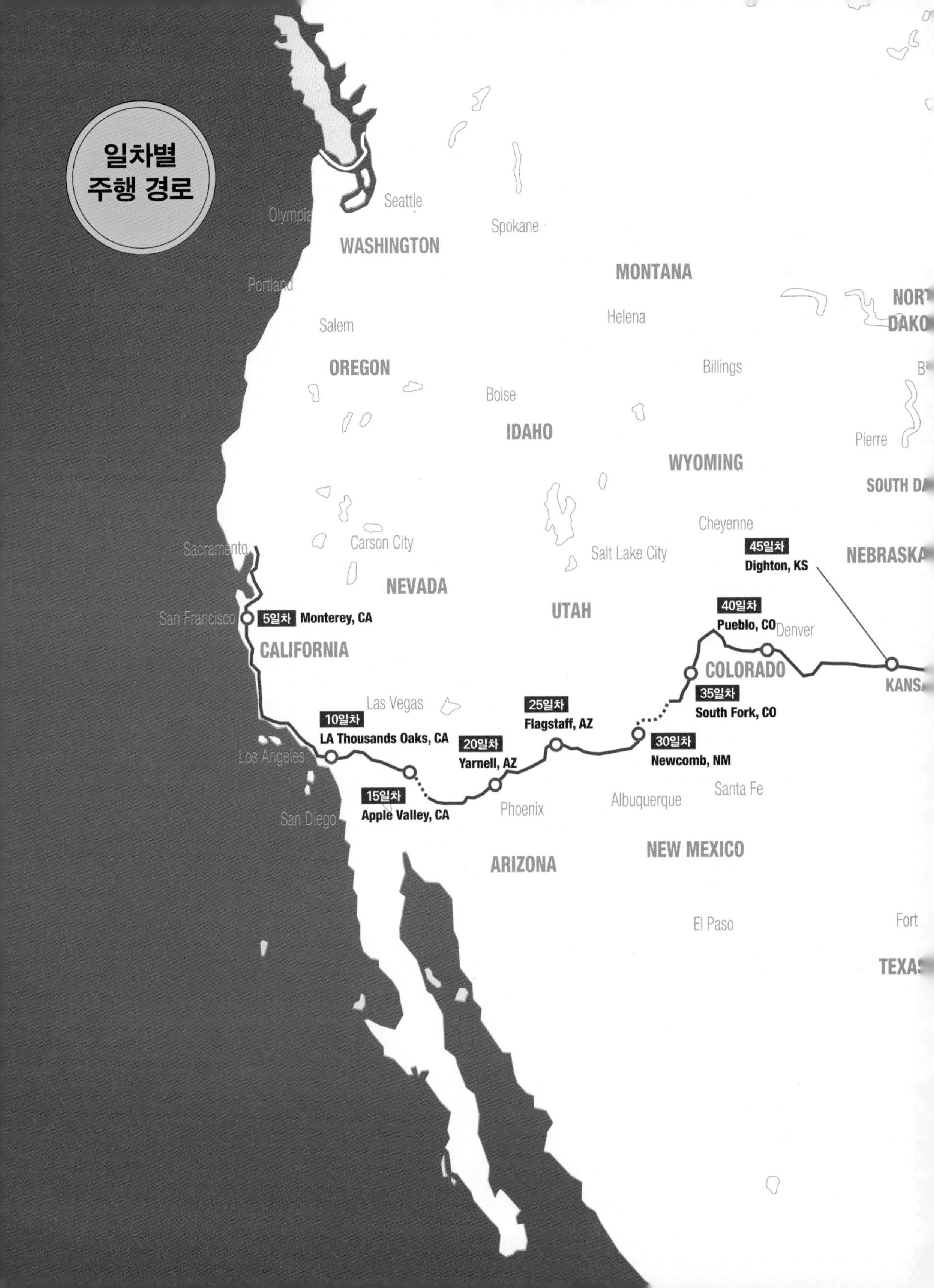

일차별
주행 경로
Seattle
Olympia
Spokane
WASHINGTON
MONTANA
Portland
Salem
Helena
OREGON
Billings
Boise
IDAHO
Pierre
WYOMING
SOUTH DA
Cheyenne
Sacramento
Carson City
Salt Lake City
45일차
Dighton, KS
NEBRASKA
NEVADA
UTAH
San Francisco
5일차
Monterey, CA
40일차
Pueblo, CO
Denver
CALIFORNIA
COLORADO
KANS
Las Vegas
25일차
Flagstaff, AZ
35일차
South Fork, CO
10일차
LA Thousands Oaks, CA
20일차
Yarnell, AZ
30일차
Newcomb, NM
Los Angeles
Santa Fe
15일차
Apple Valley, CA
Phoenix
Albuquerque
San Diego
NEW MEXICO
ARIZONA
El Paso
Fort
TEXAS

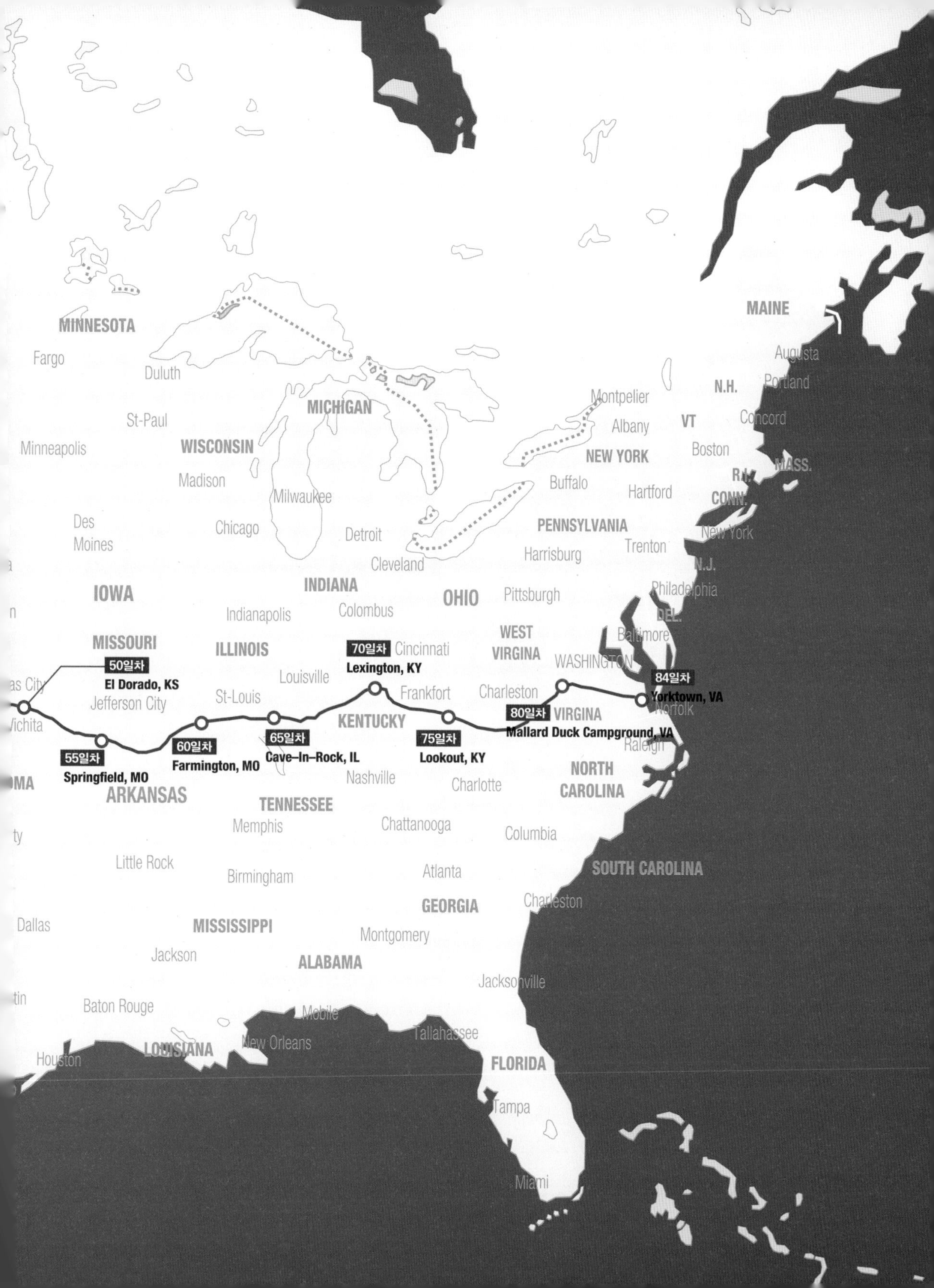

MINNESOTA
Fargo
Duluth
St-Paul
Minneapolis
WISCONSIN
Madison
MICHIGAN
Milwaukee
Chicago
Detroit
Des Moines
IOWA
INDIANA
Cleveland
OHIO
Indianapolis
Colombus
MISSOURI
ILLINOIS
50일차
El Dorado, KS
Jefferson City
St-Louis
Louisville
70일차
Lexington, KY
Cincinnati
Frankfort
KENTUCKY
55일차
Springfield, MO
60일차
Farmington, MO
65일차
Cave-In-Rock, IL
75일차
Lookout, KY
ARKANSAS
TENNESSEE
Nashville
Memphis
Little Rock
Birmingham
Chattanooga
Atlanta
GEORGIA
MISSISSIPPI
Dallas
Jackson
ALABAMA
Montgomery
Baton Rouge
Mobile
LOUISIANA
New Orleans
Houston
Tallahassee
FLORIDA
Jacksonville
Tampa
Miami
MAINE
Augusta
Portland
N.H.
Montpelier
Albany
VT
Concord
Boston
NEW YORK
MASS.
Buffalo
Hartford
R.I.
CONN.
PENNSYLVANIA
New York
Harrisburg
Trenton
N.J.
Pittsburgh
Philadelphia
DEL.
WEST VIRGINIA
Baltimore
WASHINGTON
84일차
Yorktown, VA
Norfolk
Charleston
80일차
Mallard Duck Campground, VA
VIRGINA
Raleigh
NORTH CAROLINA
Charlotte
Columbia
SOUTH CAROLINA
Charleston

카트보관소
Cart pool
BICYCLE
TRAVELERS

프롤로그 prologue

1.

미국을 여행하면서 가장 많이 들었던 질문은 '왜 자전거를 타고 미국을 횡단하느냐?'였다. 한국말로 대답하더라도 상대방과 정서적 공통분모가 없으면 이해시키기 힘들 텐데, 초보 수준의 영어로 설명했으니, 그 사람들이 내 말을 제대로 이해했을까? 하지만 그들도 '60세', '전환점', '은퇴'라는 단어만 가지고도 내 의도를 미루어 짐작하지 않았을까 한다. 내 인생 30년 은행원 생활은 2012년 1월에 막을 내렸다. 이렇게 나도 매년 퇴직하는 80만 베이비붐 세대 틈에 끼게 되었다. 50대 후반의 어정쩡한 나이에 온실 같은 직장에서 세상으로 나와보니, 이제 무엇이든 할 수 있다는 기대와 다른 한편으로는 아직 독립하지 못한 아들과 딸이 있다는 불안감이 교차했다.

퇴직하고 나서 얼마 동안은 약속이 특별히 없으면, 아침에 걸어서 서울의 남산을 올랐다가 도서관으로 가는 게 일과였다. 비가 오나 눈이 오나 고즈넉한 아침 남산 길을 걷다 보면 정신이 맑아졌다. 하지만 마음은 깨끗해지는 데 비해서 체력은 날이 갈수록 떨어졌다. 문득 체력이 있어야 가능한 어떤 일을 한다면, 바로 지금 해야 하지 않나 하는 생각이 들었다.

2.

나에게도 60살이 되기 전에 꼭 하고 싶은 버킷리스트가 있었다. 그중 하나가 바로 미국 자전거 여행이었다. 60을 코앞에 둔 장년도 20대 청춘처럼 자전거로 미국을 횡단할 수 있다는 것을 보여 주고 싶었다. 한마디로 나도 다시 청춘을 느끼고 싶었던 것이다. 한때는 하늘을 찌를 것 같았던 자신감을 조금이라도 회복하고 싶은 강렬한 욕구가 일었고, 달걀로 바위를 치는 격이지만 노년에 대한 사회적 편견을 바꾸는데 미약하나마 역할을 하고 싶기도 했다. 이렇게 거의 망상에 가까운 생각이 머릿속에 둥지를 틀자, 그것을 실현 가능한 꿈으로 바꾸는 계획을 세우고 실행에 옮기기 시작했다. 먼저 체력관리부터 들어갔다. 저녁에는 아파트 베란다에 고정식 트레이너를 설치하고 떨어진 체력을 끌어올리는 데 힘을 쏟았다. 용광로처럼 절절 끓는 사막과 끝이 보이지 않는 대평원, 로키산맥 같은 험준한 산들이 즐비한 곳이라 먼저 몸을 만들어두지 않으면 어려움이 많을 것 같았다. 산악 지역에서 실전과 같은 장거리 훈련도 필요했다. 아직은 영하의 추위가 연일 계속되던 2015년 2월, 경기도 양평 설악면 일대를 라이딩하며 전지훈련을 했다. 두려움보다 미지의 세계에 대한 호기심이 더 컸기에 망설임은 없었다.

드디어 2015년 3월 28일 샌프란시스코 국제공항. 30년 동안 숫자와 은행 일에 파묻혀 살았던 평범한 은행원이 미국 횡단 자전거 여행을 시작하려는 참이다. 뭐라 설명할 수 없는 기분이 나를 감쌌다. 불안. 그것은 분명 불안이었다. 47kg이 넘는 짐, 3천 미터가 넘는 로키산맥, 사막과 대평원, 그리고 낯선 사람들이 나를 기다리고 있기 때문이다. 등 뒤에서 태평양이 넘실거렸다. 그 너머 먼 곳에는 내 조그만 나라가 있으리라. 과연 나는 대륙을 가로질러 대서양에 무사히 도달할 수 있을까? 사랑하는 이들에게 돌아갈 수 있을까? 이제 84일의 대장정, 그 이야기를 시작한다.

3.

3월 말 샌프란시스코에 도착했을 때는 계절은 봄이었지만, 저녁에는 쌀쌀했다. 특히 로키산맥과 콜로라도 주에서는 아직도 눈과 얼음이 있는 겨울 같은 날씨였다. 그런데 켄터키 주와 버지니아 주에 도착한 6월 이후는 푹푹 찌는 한여름이었다. 미국에 있는 석 달 동안에 사계절을 다 겪은 셈이다. 미국 횡단 자전거 여행 중 캘리포니아, 애리조나, 뉴멕시코, 콜로라도, 캔자스, 미주리, 일리노이, 켄터키 그리고 마지막으로 버지니아 9개 주를 거쳤다. 자전거를 타고 84일간 6,100km를 달렸으니 매일 평균 72km를 달린 셈이다. 물론 마음만 먹으면 하루의 주행거리를 더 늘릴 수도 있었지만, 미국 횡단하는 목적이 여행이었기 때문에 무리하지 않았다. 게다가 웜샤워 호스트 가정에서 적지 않게 밤을 지내다 보니, 내가 주행할 수 있는 능력만큼 최대한의 거리를 달릴 수는 없었다. 요크타운Yorktown에서 미국 횡단 자전거 여행을 끝내고, 워싱턴 친구 집과 뉴저지 후배 집에서 닷새를 묵고 귀국했으니, 미국에서 모두 89일을 체류했다. 모텔 27일, 웜샤워 호스트 집 26일, 텐트 17일, 한인 가정 8일, 미국 교회 5일, 소방서와 사회단체 6일 등 잠자리를 다양하게 바꿔가며 미국의 밤을 경험했다.

하루의 주행은 아침 8시 정도에 시작해서 오후 3~4시쯤이면 끝났다. 힘든 주행을 마치면 쉬어야 하는데 라이딩을 끝내고도 할 일이 많았다. 먼저 자전거를 점검하고, 샤워하고, 세탁한 다음 저녁 식사를 하게 된다. 웜샤워 하우스에 묵는 날이면 저녁 식사하며 호스트와 대화를 나누게 되는데, 간혹 대화가 길어지는 날도 많았다. 이렇게 일련의 동적인 일과가 끝나면, 마지막으로 정적 과제인 일기를 써야 했다. 주행 도중에 떠오른 여러 가지 생각들을 그때그때 메모지에 적어 두었다가 밤에 일기에 옮겨 적었다. 이렇게 메모해두지 않으면, 저녁에 샤워를 마치고 나면 머릿속이 하얘져서 낮에 보고 느꼈던 것이 하나도 기억나지 않았다.

4.

미국 횡단 자전거 여행을 마치고 귀국하니 친구들 사이에서 내가 영웅이 되어 있었다. 자동차로도 하기 힘든 미국 횡단을 자전거로 그것도 나이 60에 했다는 이유에서이다. 과연 나는 영웅일까?

캔자스 대평원에서 뉴스로만 보고 들었던 토네이도를 맞닥뜨릴 수도 있다는 두려움에 휩싸였을 때, 지평선만 보이는 광활한 사막에서 오히려 폐쇄공포증을 느꼈을 때, 끝없이 계속 이어지는 오자크 고원에서 앞을 가로막는 준령들로 숨이 멎는 듯했을 때, 내가 왜 미국 횡단에 도전했는지 엄청난 후회와 좌절감을 가지기도 했다. 하지만 지금껏 경험해 보지 못한 외로움과 혹독하고 무자비한 자연을 극복하고 태평양에서 대서양까지 미국을 홀로 가로 질렀다. 이런 점에서는 주위 사람들의 칭찬이 절대 지나치지 않은 것이고, 나 자신도 자랑스럽다.

그러나 친구들에게 전하고 싶은 이야기가 있다. 내가 미국을 횡단하면서 만난 외국인 자전거 여행자의 적지 않은 숫자가 나보다 나이가 많았다. "내 나이 60에 어떻게 뭘 하겠나……"하고 뒷걸음질하며 스스로 뒷방에 갇히려는 친구들에게 내가 만난 미국의 시니어 자전거 여행자들은 생물학적 나이를 전혀 염두에 두지 않더라는 말을 전하고 싶다. 그들은 강한 맞바람과 불볕더위에 맞서서 젊은 청춘들도 이루기 힘들다는 도전을 하고 있었다. 그들과 비교한다면 그래도 내가 영웅일까?

5.

짐이 삶의 무게라고 한다. 모두 세 차례에 걸쳐서 불필요해진 짐을 정리하기 전에는 자전거를 포함한 짐 무게가 47kg이나 되었다. 56kg인 내 몸무게와 비슷한 보따리를 주렁주렁 매달고, 태평양 연안을 따라서 샌프란시스코에서 로스앤젤레스까지 1천여 킬로미터의 굴곡진 해안도로를 오를 때는 쌀쌀한 날씨였지만 온몸이 땀으로 흠뻑 젖었다. 다행히 날씨가 점차 풀리면서 필요 없어진 겨울옷과 혹시나 하는 마음에 버리지 못했던, 사용할 일이 별로 없어 보이는 물건을 정리해서 우체국을 통해서 미국 친구 집에 보내기도 했다. 그래도 여행 고수들만큼은 줄이지 못했다. 여전히 '혹시?'라는 지나친 걱정을 완전히 떨치지 못하는 심리적 한계가 있었다. 미국 횡단을 마치고 가방을 정리하다 보니, 한국에서 가져온 짐의 반은 결국 풀어보지도, 사용하지도 못한 상태였다. 우리가 인생을 살아가는 과정도 이와 같을 거라는 생각이 들었다.

인터넷에서 우연히 어느 분의 글을 읽고 꿈을 꾸기 시작했던 미국횡단. "할 수 있을까? 정말 할 수 있을까?" 나 자신도 자신 없었던 일이 막상 닥치고 나면 어떻게든 해결되는 것이 신기할 따름이었다. 솔직히 내가 해냈다고 말하고 싶은 마음이다. 그러나 아니다. 홀로 자전거를 타고 미국을 횡단한 것은 맞다. 하지만 내가 도움이 절실히 필요할 때마다 나를 도와주신 분들이 없었더라면 결코 이루지 못했을 도전이었다. 생면부지의 나에게 선뜻 도움의 손길을 주신 많은 분이 있었기에 가능했다. 나에게 무한 베풂을 주신 분들에게 어떻게 보답해야 하나? 이제는 나의 도움이 필요한 분들에게 보답할 차례이다. 앞으로의 나의 삶은 빈 여백을 채우는 게 아닌 비운 상태를 그대로 두고, 나와 내 가족을 넘어서 미국에서 보고 느낀 것처럼 이웃 사랑을 실천하는 그런 삶을 살아야 하지 않을까 싶다. 그렇게 살고 싶다.

그리고 여행 기간 내내 가슴 졸이며 남편의 안전을 염려했을 아내에게 이루 말할 수 없는 고마움을 느낀다. 친구들은 나보다 더 대단한 사람은 나의 안사람이라는 말을 아끼지 않는다. 지구 끝에서 나를 응원해준 당신에게 이 글을 바친다.

PART 1

캘리포니아

California

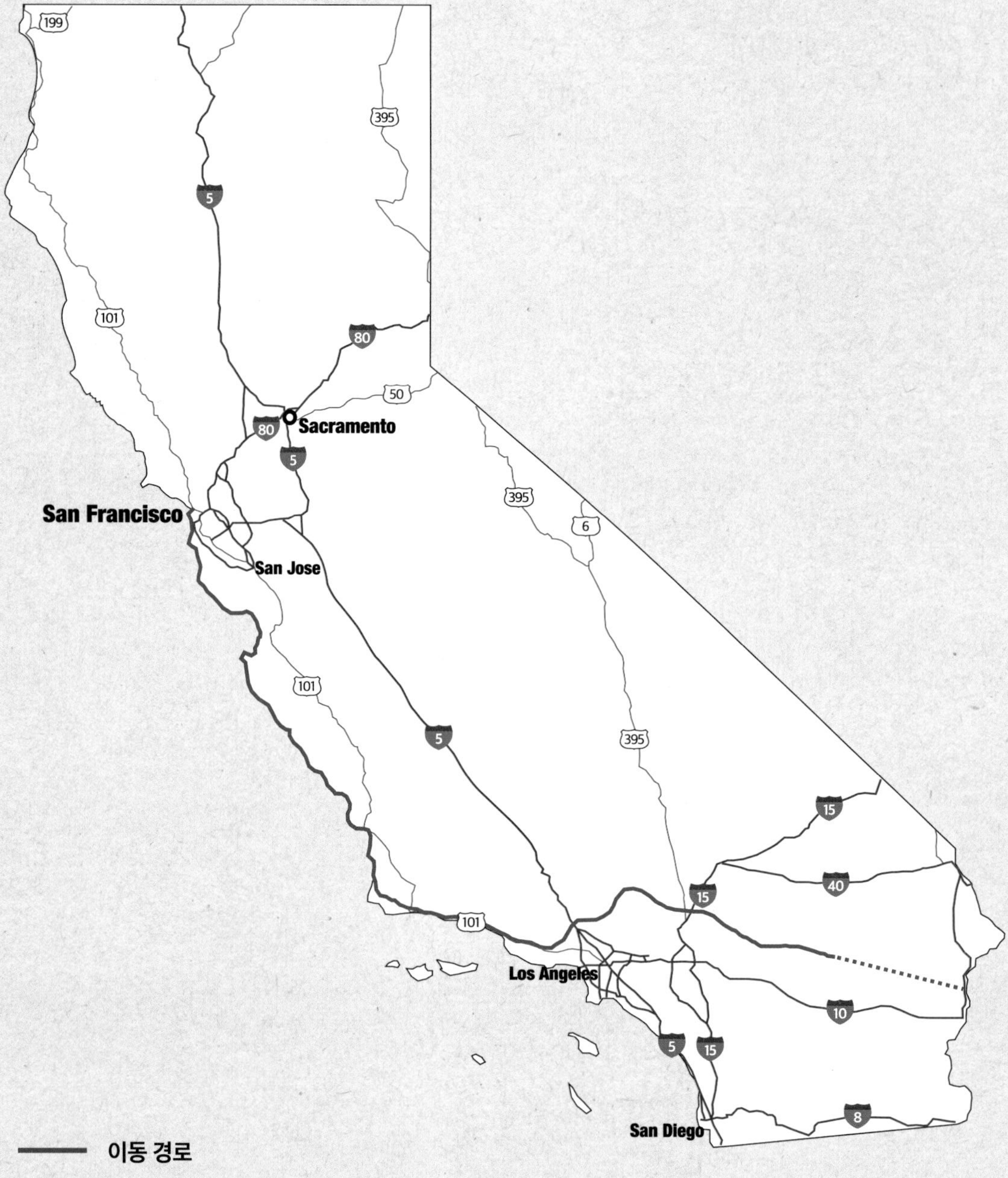
199
395
5
101
80
50
Sacramento
80
5
395
6
San Francisco
San Jose
101
5
395
15
40
15
101
Los Angeles
10
5
15
8
San Diego
이동 경로

1일차 Seoul - San Francisco

숙소 모텔 | 거리 31km | 누적 거리 31km

황량한 사막 같은 샌프란시스코

들고 나는 사람들로 북적거리는 샌프란시스코 국제공항. 지금 나에게 이곳은 오히려 황량한 사막처럼 느껴진다. 살아 있는 생명체라곤 없는 사막 한가운데에 홀로 버려진 느낌이다. 이런 심리적 위축감을 극복해 보려고, 입국 심사를 받으면서 세관원에게 내가 이곳에 온 이유를 주저리주저리 자랑했다. 하지만 그는 겉으로는 놀라는 척하면서도 속으로는 설렁설렁 흘려 듣는 것 같았다. 그래도 잘 가라고 하면서 건투를 빈다는 의미로 엄지손가락을 치켜세워 주었다.

샌프란시스코의 자전거도로는 일관성이 부족했다. 어느 구간은 과분하게 도로 한복판에 자전거 전용도로를 만들어 놓았고, 또 어떤 지역은 자전거도로를 인도 위로 옮겨 놓았는가 하면, 도로의 끝 차선에 '졸음 방지 홈'을 쭉 파 놓고 그 옆 갓길에 자전거 길을 만들어 놓은 곳도 있었다. 하지만 전체적으로 차량 운전자들이 자전거 운전자에게 공격적이지 않으니 마음을 놓아도 될 것 같다. 예약한 숙소는 안쪽 리셉션 데스크에서 문을 열어주지 않으면 밖에서는 절대로 안으로 들어올 수 없는 구조였다. 자전거 짐이 많아서 낮은 층으로 배정해 달라고 부탁하니 여직원은 벌써 숙소 배정이 끝났다고 한다. 그러면서 자전거와 짐을 통째로 리프트를 이용해서 4층까지 올리라고 알려주었다. 한국과는 달리 호텔 직원이 자전거 실내 반입을 먼저 제안하니 놀라웠다.

인터넷에 올라와 있는 미국 여행기에 서브웨이Subway 샌드위치 가게는 부족한 채소를 섭취할 수 있는 좋은 음식점이라고 이구동성으로 추천한

서브웨이Subway 샌드위치에 양상추, 양파, 올리브, 토마토, 시금치, 오이, 피망, 할라피뇨 등을 듬뿍 얹어서 부족한 채소를 섭취했다.

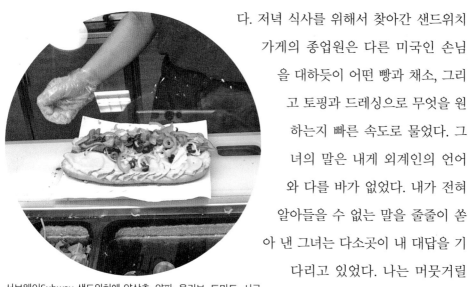

다. 저녁 식사를 위해서 찾아간 샌드위치 가게의 종업원은 다른 미국인 손님을 대하듯이 어떤 빵과 채소, 그리고 토핑과 드레싱으로 무엇을 원하는지 빠른 속도로 물었다. 그녀의 말은 내게 외계인의 언어와 다를 바가 없었다. 내가 전혀 알아들을 수 없는 말을 줄줄이 쏟아 낸 그녀는 다소곳이 내 대답을 기다리고 있었다. 나는 머뭇거릴 수밖에 없었다. 말 대신에 손가락으로 가리킨 이런저런 채소를 듬뿍 올린 '풋롱'Footlong 사이즈의 샌드위치는 점심때 먹은 부실한 햄버거와는 차원이 달랐다.

2일차 **San Francisco**

숙소 모텔 | 거리 40km | 누적 거리 71km

배려 깊은 샌프란시스코 운전자

아침 출근을 자전거로 하는 직장인이 많은 듯, 샌프란시스코 시내는 자전거도로가 거미줄처럼 연결되어 있었다. 이들의 복장은 어제 오클랜드 베이Oakland Bay에서 보았던 울긋불긋 화려한 저지 Jersey가 아닌, 평상복이었다. 자전거도 멋진 사이클과는 거리가 먼, 투박한 생활 자전거였다.

22년 전에 산타바바라 EF 학원을 다닐 때 룸메이트였던 스페인의 바람둥이 '엘리스'와 놀러 왔던 돌담에 오늘은 혼자 걸터앉았다.

미국인들은 자전거를 거칠게 타고 있었다. 만약 한국에서 미국인들처럼 자전거를 탄다면 차들이 경적을 울리며 거친 단어가 나왔을 텐데 놀랍게도 이곳의 차량 운전자들은 그런 자전거 운전자를 갓길로 몰아붙이지 않고 인내하며 배려하는 운전을 하고 있었다. 미국 도착 하루 만에 샌프란시스코 운전자들의 자전거 운전자를 배려하는 마음 씀씀이에 깊은 감명을 받았다. 많이 가진 사람은 적게 가진 사람을, 강한 사람은 약한 사람을 배려하는, 결코 특별할 수 없는 이웃 존중의 보편적인 배려심인데도, 지금 내가 감탄하는 것은 역설적으로 우리나라의 현실은 그렇지 않기 때문일 것이다.

금문교로 향하는 샌프란시스코 베이 트레일San Francisco Bay Trail은 자전거를 탄 많은 관광객으로 붐비고 있었다. 우리나라에서는 친구 또는 동호회 단위로 단체 주행을 많이 하지만, 이곳은 유명 관광지라서 가족 단위 관광객들이 자전거를 빌려서 즐기고 있었다. 나는 가족들이 함께 자전거 타는 것을 보기만 해도 기분이 좋다. 서울은 주로 한강이나 지천支川을 따라서 자전거도로를 조성했지만, 샌프란시스코는 시내 전역에 거미줄처럼 자전거도로를 깔아 놓았다. 그것도 형식적이고 무늬만의 자전거도로가 아닌, 소프트웨어 즉 사람들의 마인드까지 뒷받침하는 실제적인 자전거도로였다.

취사를 위해서 한국에서 사용하던 등산용 버너를 가지고 왔지만, 미국 슈퍼마켓에는 한국 버너와 호환이 되지 않는 콜맨Coleman제품만 팔고 있었다. 이곳저곳을 뒤지고 다녀 보았지만, 한국에서는 흔하디흔한 부탄가스를 찾지 못했다. 숙소로 돌아오면서 편의점 CVS에 들렀다. 세탁하려면 세제가 필요할 듯해서다. 내 영어 질문이 유창하게 들렸는지 편의점 직원은 나를 현지 거주 미국인으로 착각하고, 그들에게 말하듯이 빛의 속도로 이야기했다. 나는 그녀 얘기의 단 20%만 알아들었다. 다음부터는 어눌하게 떠듬거리며 질문해야지 천천히 대답해 줄 것 같다.

3일차 SF - Half Moon Bay

숙소 Half Moon Bay RV Park 캠핑장 거리 56km 누적 거리 127km

태평양은 어서 오라 하네.

드디어 6천 킬로미터의 미국 횡단 대장정의 첫 페달링을 시작했다. 샌프란시스코 시내를 동쪽에서 서쪽으로 가로질러 태평양 연안으로 전진하는 것이 오늘의 첫 번째 과제다. 시내에서는 신호등 때문에 수시로 멈춰서야 했다. 그래서 클릿Cleat(신발을 페달에 고정하는 쇳조각)을 끼고 빼야 하는 불편 때문에, 클릿 신발 대신에 오늘은 한국에서 가져온 운동화를 신었다. 역시 샌프란시스코는 언덕의 도시다웠다. 출발하자마자 우뚝 서 있는 고갯길에 기가 질려서, 아예 처음부터 안장에서 내려오고야 말았다. 가파른 비탈길을 자전거 타고 오르는 것도 힘들지만, 56kg의 내가 47kg이 넘는 자전거와 짐을 두 손으로 끌고 밀며 올라가는 것도 상상을 초월하는 고역이었다. 앞으로 이런 고갯길을 숱하게 넘어야 할 텐데… 나도 모르는 사이에 긴 한숨이 새어 나왔다.

신발과 페달을 고정하는 클릿은 자전거 페달을 돌릴 때 힘의 낭비를 막아주고 페달링도 한결 부드러워지게 하는 효과가 있다.

꿈에 그리던 태평양에 도착했다. 샌프란시스코에서 워싱턴D.C로 곧장 가지 않고 로스앤젤레스로 내려갔다가 횡단하는 이유는, 20여 년 전에 버스 차창 밖으로 펼쳐지던 101번 고속도로 주변의 경치를 오매불망 잊지 못해서이다. 이곳 샌프란시스코에서부터 1번 국도와 101번 고속도로를 따라서 태평양을 남진하며 평생토록 기억에 남을 나만의 여행을 하려고 한다. 오늘 경험해 본 1번 국도는 전체적으로 자전거 주행하기 좋은 여건이었다. 그렇지만 편도 1차선의 오르막이 길게 이어질 때는 나를 추월하지 않고 뒤에서 서행하며 따라 오는 차량으로 인해서 신경이 곤두섰다. 엎친 데 덮친 격으로 뒷바퀴에 짐 무게가 집중되다보니 앞바퀴가 살짝 들리며 핸들이 좌우로 흔들거렸다.

3월 말이라서 복장을 어떻게 해야 할지 난감했다. 오르막에서는 속옷이 젖을 정도로 땀이 흠뻑 나지만, 내리막이나 바람을 막아 주는 언덕이 없을

샌프란시스코 골든게이트 공원Golden Gate Park에 접해 있는 그레이트 하이웨이Great Hwy에서부터 미국 서부 종단 여행을 시작했다.

때는 추위가 진하게 느껴졌다. 어느 장단에 춤춰야 할지 혼란스러웠다. 오늘 묵을 예정이었던 하프 문 베이 주립해변Half Moon Bay State Beach의 프랜시스 해변 캠핑장Francis Beach Campground은 폐쇄되어 있었다. 해변에 있는 멋진 텐트 사이트인데 아쉽기 그지없다. 담당 직원에게 문의하니 남쪽으로 1마일만 더 내려가면 사용료가 비싸지만, 캠핑카 야영장RV Park이 있다고 알려준다. 이번 여행에서는 캠핑카 야영장(RV Park 또는 RV Resort)에서 여러 날을 텐트 치려고 계획을 세우고 있다. 한국에는 이런 시설이 없어서 많이 궁금했는데 오늘 묵게 된 하프문 베이 RV캠핑장은 기대 이상으로 갖출 것은 다 갖추고 있었다. 특히 고맙게도 하이커와 바이커에게는 대폭 할인까지 해 주었다. 오늘처럼 운수 좋은 날이 계속되길 기원해 본다.

4일차 Half Moon Bay - Santa Cruz

숙소 모텔 거리 84km 누적 거리 211km

환영받는 웜샤워 게스트의 조건?

어제 오후부터 강하게 몰아치던 바람은 잠잠하다. 오른쪽의 태평양은 시원하게 하얀 물거품을 하늘로 뿜어 올렸다. 밀려오는 파도에 몸을 맡긴 서퍼Surfer들이 파도에 올라타며 아슬아슬하게 물살을 가르고 있었다. 왼쪽은 지금껏 본 적이 없는 지형이 연속적으로 나타났다. 어느 구간은 태초의 지반을 보여 주다가, 이내 모래언덕의 황량한 주립공원이 등장했다. 이곳저곳의 이색적인 풍경을 보느라고 지루할 틈이 없었다. 뒷바람이 불고 있지만, 속도가 나지 않았다. 짐 무게 때문인 듯했다. 이번 여행을 성공적으로 마치려면 지금 무게의 1/3은 덜어내야 할 것 같다. 오늘 숙소에 도착하면 과감하게 '패니어 체급 감량'을 해야겠다.

모험 자전거 협회ACA(Adventure Cycling Association, www.adventurecycling.org)지도에 의하면 이 도시의 가파른 언덕 위에 숙박비가 비교적 저렴한 호스텔이 있다고 해서 자전거를 끌고 힘들게 고개를 올랐다. 그러나 호스텔 입구에는 매일 오전 11시부터 오후 5시까지 문을 닫는다는 안내문이 걸려 있었다. 어떻게 해야 할지 몰라서 허둥대다가 밖으로 나오는 직원을 만날 수 있었다. 이곳은 철저한 예약제로 운영하기 때문에 예약 마감시간인 오후 5시가 돼서야 빈방 유무를 확인할 수 있다고 한다. 이 숙소 하

대븐포트Davenport 인근의 카브리요 고속도로Cabrillo Hwy 쉼터에서 언덕을 넘느라고 가빠진 숨을 고르며 잠시 휴식을 취했다.

나만 믿고 기다릴 수는 없는 일. 인근의 모텔을 찾아 나섰다. 관광도시라서 그런지 하룻밤 숙박료가 거의 200달러에 육박했고 아주 허름한 모텔도 80달러나 달라고 했다. 비록 시설에 비해서 가격이 비쌌지만, 전자레인지와 가스레인지가 있어서 입실을 결정했는데, 나중에 알고 보니 둘 다 고장이 나 있었다. 회전 접시가 고장 난 전자레인지를 돌려서 겨우 라면을 끓였고, 치즈가 덜 녹은 피자를 먹어야했다.

이번 여행을 떠나기 전에 한국에서 오늘 묵을 산타 크루즈Santa Cruz의 웜샤워 호스트에게 나를 초대해 달라는 편지를 보냈다. 나는 이메일에 이번 여행을 하는 동기와 목적 등을 밝혔는데, 그녀는 내 편지를 보고 선뜻 자기 집으로 오라고 했다가 곧바로 나의 웜샤워 프로필을 보고는 초청을 번복했다. 내 프로필에는 다른 회원으로부터 받은 피드백이 전혀 없었기 때문이다. 이처럼 게스트의 피드백 유무와 회원 가입 연도를 중요하게 생각하는 호스트도 있었다. 만약 내가 그녀의 초대를 받았더라면, 오늘처럼 숙소를 잡으려고 고생하지 않아도 되었을 것이다.

2015-03-26 11:43

Hello Min,

Yes I would be glad to host you on April 1st. Will you have smart phone, and will you be able to text/call me?

2015-03-26 11:44

Min, I see now that you have been a member for 3 years? ANd there is no feedback from warm showers? That is a little bit concerning me. Thank you,

2015-03-26 11:49

Min, please do not take offense. Perhaps for first time visit you could stay with A**, here ? Thank you.

2015-03-26 16:04

Min, I have a personal policy of not hosting Warm Shower men in my home who have not had reviews. There are many people who host here, and many men, or couples. I am sure you will find a wonderful host.

Best,

5일차 Santa Cruz – Monterey

숙소 웜샤워 하우스 **거리** 79km **누적 거리** 290km

미국 가정집에서 처음으로 하룻밤을 지내다.

어제 묵은 모텔은 숙박비를 현금으로 계산하더라도, 기물 파손 등을 대비한 예치금 20달러는 반드시 신용카드로 결제할 것을 요구했다. 다음 날 체크아웃하고 객실에 이상이 없으면, 이틀 후에 예치금 결제를 취소해 준다고 한다. 말도 안 되게 허접스러운 모텔이지만, 숙박비가 다른 곳에 비해 상대적으로 저렴해서 투숙했는데 신경 쓸 일을 만들어 놓았다.

미국도로는 여러 가지가 있는데, 가장 규모가 큰 것이 프리웨이Freeway이며 그다음이 하이웨이Highway 그리고 로컬Local도로가 있다. 도로마다 번호가 있는데 앞에 I가 붙은 도로, 가령 I-10, I-40, I-405 등 I로 시작되는 도로는 주간고속도로 INTERSTATE 도로로서 가장 큰 고속도로이다. 이 도로에 자전거는 다닐 수 없으며, 대형 오토바이가 아닌 작은 모터사이클도 진입할 수 없다.

주 정부에서 관리하는 도로에는 2가지가 있다. 아래와 같이 길 이름이 없으면 프리웨이Freeway이며, 길 이름이 적혀 있으면 로컬 도로이다. 프리웨이에는 당연히 자전거가 진입하지 못한다. 길 이름이 표시된 도로, 예를 들어 19번인데 Lakewood Blvd라고 쓰여 있는 도로, 또는 일반 도로는 자전거로 다닐 수 있다.

〈출처 : 네이버 지식In, 나바호킴 navajokim〉

고속도로를 달리는 차량과 마치 속도 경쟁이라도 하듯이 주행하는데 갑자기 나타난 경찰차가 내 앞을 막았다. 순간 가슴이 철렁 내려앉았다. 큰 죄를 짓지는 않았지만, 프리웨이에서 자전거를 타다가 벌금을 물었다는 어느 여행자의 후기를 읽은 적이 있어서 긴장하지 않을 수 없었다. 순찰차에서 내린 잘 생긴 미국 경찰이 내 자전거에 걸려 있는 태극기와 성조기를 힐끗 쳐다보며 다가왔다. 그러면서 아주 정중하게 이 구간은 자전거 통행이 불가능하다는 것을 알려주었다. 난감해하는 내 표정을 보고는 자신의 스마트폰을 꺼내서 친절하게도 내가 아는 영어단어만 사용해서 몬터레이Monterey 가는 길을 자세히 가르쳐 주었다. 자전거 뒤에 태극기를 꽂고 있는 나는 민간 외교관, 사소한 교통법규라도 위반할 수 없었다. 미국 경찰의 에스코트를 받으며 안전하게 고속도로를 벗어났다.

위험천만한 고속도로 갓길 주행을 중단시킨 미국 경찰. 내가 아는 영어단어만을 사용하며 몬터레이Montery가는 길을 친절하게 알려주었다.

산타 크루즈 주변 고속도로의 차량 소음에서 벗어나니, MP3의 음악이 다시 들리기 시작했다. 덤으로 선셋 주립 해변Sunset State Beach 주변의 경치를 감상하는 더없이 좋은 기회까지 얻었다. 그곳의 한적하기 이를 데 없는 청량한 분위기의 시골길이 나를 반기고 있었다. 길 양쪽으로 쭉 뻗은 가로수는 하늘을 가릴 듯이 울창했고, 햇살이 살짝 비치는 나뭇가지 위에 앉은 이름 모를 새들의 지저귐은 숲속에 가득했다. 나는 가슴 가득 아름다운 오케스트라 연주를 듣는 듯한 호사를 누렸다.

몬터레이 파인 골프장 안에 캠핑카 야영장RV Park이 있었다. 관리인을

나의 첫 번째 웜샤워 호스트인 '찰리'와 여자친구 '알렉스'. 지금까지 많은 자전거 여행자들의 웜샤워 호스트였지만, 이제는 게스트로 역할을 바꾸어 자유롭게 여행을 하고 싶다는 희망을 밝혔다.

만나서 텐트를 어디에 칠 수 있는지 문의했다. 그는 미국 내의 대부분의 RV Park에서는 텐트를 칠 수 없고, 주립공원과 일부 RV Park에서만 텐트를 칠 수 있다고 알려 주었다. 내 여행 일정은 캠핑카 야영장(RV Park나 RV Resort)에서 숙박하는 것을 기본으로 코스 계획을 잡았다. 그렇다면 여행경로를 전면 재검토를 해야 하는 상황이다. 항상 진리처럼 느끼는 일이지만, 여행에서는 계획과 실제 사이에 작지 않은 간격이 있다. 하여튼 한국에서 상당히 많은 시간을 들여서 준비했던 여행 코스 작업이 아무런 쓸모가 없는 헛된 짓이 되고 말았다.어제가 생일이었다는 22세 대학생 웜샤워 호스트 '찰리'는 방 한 칸짜리 스튜디오에 살고 있었다. 한국으로 치면 원룸이다. 3~4평 공간에 화장실과 침대가 있고, 귀퉁이에 있는 작은 책상 하나가 살림살이의 전부였다. 한때 오토바이 마니아였던 그는 치명적인 충돌사고를 당해서 대수술을 받고 기적적으로 살아났다. 이제는 오토바이보다 상대적으로 안전한 산악자전거로 취미를 바꾸었다. 나이 어린 호스트의 집에서 하룻밤을 자려고 하니 어색하기 그지없다. 작은 방에서 그와 여자 친구는 침대에서 자고, 나는 양탄자 바닥에 매트를 깔고 잤다. 그의 웜샤워 프로필을 보면 자기의 도움이 필요한 사람에게 기꺼이 도움을 주고 싶단다. 가진 것은 없지만 그래도 남에게 베풀고 싶어 하는 아주 건전한 사고방식을 가진 젊은이였다. 멋진 젊은 연인들과 하룻밤을 보내는 것도 인연이라고 생각하니 어색함은 사라지고, 마치 그들이 친자식처럼 느껴졌다.

6일차 Monterey – Pacific Valley

숙소 Kirk Creek Campground 거리 124km 누적 거리 414km

북두칠성을 누가 훔쳐 가지 않았다.

'17마일 드라이브' 17mile drive는 명성에 걸맞게 말로 표현할 수 없을 만큼 신비롭고 아름다웠다. 아침 이슬이 내려앉은 듯한 뽀얀 빛깔의 야생풀 단지 옆으로, 잠이 덜 깬 순한 파도가 바위에 부딪치며 하얀 물거품을 일으켰다. 사나운 바닷바람을 이기지 못한 소나무들은 쓰러질 듯 기울어져 있었다. 태평양에서 살랑살랑 불어오는 해풍에 밀려온 아침 안개는, 모래 언덕 위의 저택을 신비롭게 감싸고 있었다. 무언가에 기대고 싶은, 외롭고 공허한 여행자는 바닷가에 널브러져 있는 몽돌을 모아, 가족들의 안녕을 기원하는 돌탑을 쌓았다. 울적한 마음도 잠시, 환상의 '17마일 드라이브'는 가파른 카멜 언덕Carmel Hill으로 이어졌다. 아직 본격적인 오늘의 라이딩을 시작하지도 못했는데, 언덕 하나를 오르느라 모든 에너지를 쏟아부어야만 했다.

한국과 비교되는 많은 운전자를 보았다. 오르막 도로에서 차폭이 넓은 차량은 나의 안전을 위해서 반대 차선에서 다가오는 차량이 지나갈 때까지 나를 추월하지 않고 묵묵히 따라왔다. 내리막도 경사가 심하고 좌우로 굴곡이 심해서 일부 구간은 갓길을 벗어나서 차로의 가운데로 들어갈 수밖에 없었다. 그런데도 내 뒤를 따라오는 차들은 경음기를 울리지 않고 조용히 기다려 주었다. 타인을 배려하는 대단한 인내력이었다. 이것은 세계 어디를 가도 통용되어야 하는, 교통 강자의 약자에 대한 배려의 보편적인 원칙이라는 생각이 들었다. 나는 그 원칙이 지켜지고 있는 것을 경험하고 있었다. 오늘은 많은 차량이 나에게 성원의 경음기를 누르거나 창 너머

'17마일 드라이브' 17mile drive 로 유명한 몬터레이의 피셔맨 와프Fisherman's Wharf 일출

로 손을 흔들어 주었다. 특히 나를 지나쳐 가던 차량이 간혹 내 앞에서 설까 말까 망설이는 듯 움찔하는 것을 보면 혹시 한국인이 타지 않았나 싶었다. 그렇지만 계속되는 고갯길에서 지쳤기에 그들에게 대꾸할 기력이 없었다. 갑자기 지나가던 차량에서 "Way to go!" "한국인이세요?" 라는 소리가 들려왔다. 하지만 내가 대답할 틈도 주지 않고 쌩하니 가 버렸다. 혹시라도 한국인이라면 많은 위안이 되었을 텐데, 무정한 운전자는 나를 불러만 놓고 그냥 지나쳐 갔다. 대화도 안 할 거라면 왜 물어봤는지.

빅서Big Sur 인근의 허리케인 전망대Hurricane view point에서 바라보는 태평양 연안의 경관은 눈이 부시도록 환상적이었다.

소문처럼 커크크릭 캠핑장의 입지는 훌륭했다. 단지 아쉬움이 있다면 전기가 들어오지 않고 와이파이와 인터넷이 안 되는 것이다. 물론 물도 없었다. 하지만 입장료는 바이커Biker와 하이커Hiker에 한해서 단돈 5달러라서 가난한 여행자에게는 더없이 환상적인 곳이었다. 캠핑장 관리인 '벤'Ben은 나를 자기 사무실로 데려가서 손을 씻게 해주고, 3ℓ짜리 생수를 공짜로 주었다. 이처럼 작은 도움에도 감격하는 것은, 내가 이방인이라는 반증이 아닐까 싶다. 캠핑카 앞에서 오순도순 저녁 식사 준비하는 미국인들을 뒤로하고, 축축한 찬 기운이 올라오는 태평양의 벼랑 가에 텐트를 쳤다. 기쁨과 슬픔을 함께 나눌 수 있는 이가 없기에, 보금자리도 쓸쓸하기는 매한가지. 저들만큼의 진수성찬은 아니라도, 따뜻한 국물이 있는 한국인의 대표 간식, 라면으로 저녁 식사를 대신했다.

4월 초의 캘리포니아는 생각보다 추웠다. 새벽에 일어나 밖으로 나가보니 하늘에는 별들이 빈자리가 없이 촘촘하게 박혀 있었다. 그렇게 많은 별은 난생처음 보았다. 그동안 보이지 않아서 누군가 훔쳐 간(?) 줄 알았던 북두칠성도 제자리를 지키고 있었다. 50년 만에 즐긴 스타들의 대향연이었다.

7일차 Pacific Valley - Los Osos

숙소 웜샤워 하우스 거리 111km 누적 거리 525km

속고 또 속았다.

태평양 파도 소리를 친구 삼아서 모로 베이Morro Bay를 향해서 페달을 밟기 시작했다. 오늘은 처음부터 나의 인내심을 시험하듯이 고개를 넘으면 다시 고개가 이어지는 지형이 나타났다. 눈앞에 보이는 고개가 정상인 줄 알고 온 힘을 쏟으며 올랐지만, 더 가파르고 높은 고개가 나를 기다리고 있었다. 로키산맥에서 내려오는 산줄기가 태평양에 와 닿으며 많은 굴곡을 만들었을진대, 어찌 그걸 모르고 있었다는 말인가? 명명백백한 진실이지만 체력이 따라 주지 않으니 믿고 싶지 않았던 것이다. 그만 나타났으면 하는 나의 바람과는 달리 온종일 계속되는 고개에 기력은 바닥나고 마음도 지쳐만 갔다.

끝없이 이어지는 고개와 사투를 벌이던 중 '래기드 포인트'Ragged Point 직전의 고개에서 시애틀에서 온 '아담'Adam을 만났다. 30세인 그는 고향 시애틀에서 멕시코 국경까지 자전거로 갔다가, 자전거는 포장해서 배편으로 집에 보내고, 자신은 다시 캐나다 국경까지 걸어서 가겠다고 한다. 그것도 4~5개월 동안 말이다. 엄청난 괴력의 서양인과 어깨를 나란히 하며 같은 속도로 주행했으니, 나에게는 무리일 수밖에 없다. 그를 먼저 보내 주어야 내 페이스를 찾을 수 있을 것 같았다. 나와의 이별을 아쉬워하던 그는 금세 빛의 속도로 내 시야에서 사라졌다.

시애틀 출신의 '아담'Adam은 자전거로 고향 시애틀에서 멕시코 국경까지 갔다가, 그곳에서 3천 킬로미터가 넘는 캐나다 국경까지 걸어서 가겠다고 한다.

모로베이에 도착했다. 주소를 가지고 집을 찾아가는 데는 구글맵이 훌륭한 조력자였다. 다행히 근처에 커다란 슈퍼마켓이 있어서 딸기와 키위 등을 선물로 준비할 수 있었다. 자전거 여행자라서 빈손으로 갈 수도 있지만, 남의 집에 갈 때 빈손으로 가지 않는 한국적 관습에 따라 과일을 샀다. 오늘의 호스트 '로미오'와 '데이비드'는 둘 다 노년에 접어든 남성으로, 낮은 언덕 위에 있는 평범한 주택에 살고 있었다. 유교적 가치관의 절대적 지배를 받는 나로서는, 두 남자만 사는 집에 초대받은 것이 다소 어색할 수밖에 없는 터. 하지만 그분들의 도움이 필요한 입장인데 찬밥, 더운밥 가릴 처지는 아니었다. '로미오'는 베트남 전쟁에 참전했던 베테랑이었다. 안타깝게 많은 인명 살상이 일어날 수밖에 없는 전쟁터에서 정신적 외상을 입고, 지금껏 치료를 받고 있다. 그런 '로미오'를 '데이비드'가 둘도 없는 친

월남전 참전용사였던 '로미오'는 자전거 휠 트루잉 스탠드Truing stand를 이용해서 내 자전거의 휘어진 림을 바로 잡아주었고, 자전거 신발의 클릿을 새것으로 교체해 주었다.

구로서, 보호자로서 돌봐주고 있었다. 성性에 대한 동서양의 인식 차이를 인정하지 않는 내가 살짝 부끄러워졌다. 그 분들은 지금까지 100여 명 자전거 여행자를 호스트했다고 하니 놀라울 따름이다. 자동차로 30분 거리의 '샌 루이스 오비스포'San Luis Obispo로 나를 데려가서 근사한 저녁을 사주었다. 처음 보는 사람들에게 너무 많은 폐를 끼치는 것 같아서 고맙기는 했지만, 솔직히 미안한 마음이 앞섰다.

8일차 Los Osos – Guadalupe

숙소 웜샤워 하우스 거리 58km 누적 거리 583km

헤어짐은 늘 새로움으로 이어진다.

거실의 바닥에 에어 매트를 깔고 잤는데도 바닥에서 찬 기운이 올라왔다. 이곳은 샌프란시스코보다 500km 남쪽이라서 위도가 많이 낮아졌지만 그래도 몸이 덜덜 떨렸다. 아침 식사는 어제 내가 사 온 과일을 이용한 건강식으로 차려 주었다. 식기 세척기가 있었지만, 내가 호스트에게 보답할 수 있는 것은 설거지밖에 없었다. 아침 식사 후에 설거지하는 나를 바라

보고 그들은 환하게 웃었다. 만남은 쉽지만 언제나 그렇듯이 헤어짐은 어렵다. 두 분에게 작별 인사를 하고 떠나려니, 피를 나눈 형제와 다시 못 볼 영원한 이별을 하는 듯해서, 발걸음이 쉽게 떨어지지 않았다. 이런 여린 내 속내를 보여주기 싫어서 애써 밝은 표정을 지으며, 또 다른 새로운 인연을 찾아 길을 나섰다.

오늘의 코스에는 짧고 가파른 언덕이 하나 있다. 너무 가팔라서 처음부터 자전거 안장에서 내려왔다. 편도 1차선 도로라서 자전거는 좁은 갓길로 끌고 올라갔지만, 두 다리는 차도에 살짝 걸칠 수밖에 없었다. 고갯길의 중간쯤에 당도하니 지나가는 차량에서 나를 향해 좋지 않은 소리가 들려왔다. 순간 기분이 좋지 않았다. 그렇지만 도로 일부를 점유하고 주행하는 나를 모든 미국인이 다 좋아할 수 없는 노릇이라 생각하니, 편치 않았던 마음을 조금은 떨쳐버릴 수 있었다.

'과달루페' Guadalupe에 일찍 도착했다. 허리에 총을 찬 서부영화의 존웨인이 미닫이 카페 문을 열고 나올 법한 그런 고색창연한 동네였다. 웜샤워 호스트의 집을 방문하는 시간은 딱히 정해진 것은 없다. 그들도 자신의 생업이 있으니, 그들이 퇴근한 다음에 방문하는 것이 예의일 것이다. 그러나 자전거 여행자는 저녁 식사 후 이것저것 할 일이 많다. 사정이 이렇다 보니 호스트의 집에 들어갈 때까지 밖에서 시간을 보내는 것이 고역이다. 어쨌든 그녀의 집에 너무 일찍 가는 것도 실례가 될 듯해서, 카페 여직원에게 그런 사정을 설명하니 흔쾌히 실내에서 기다려도 좋다고 한다. 카페에 들어가서 두 시간 정도 시간을 보냈다.

아프리카 오지에서 거의 40년 동안 자원봉사를 했다는 호스트 '아론'은 풍모에서부터 남다른 기운이 느껴졌다. 차고를 통해서 거실로 들어가는 그녀의 집은 꽤 넓었다. 낡은 혼다 승용차가 차고의 반을 점령했고, 벽 쪽에

아프리카에서 40년간 자원봉사했던 아론은 지금은 그리스에서 아프리카 난민을 돕고 있다. 이처럼 그녀는 평생을 자원봉사하며 생활하고 있었다.

슬리핑 패드와 이부자리가 깔려 있었다. 에어비앤비 Airbnb 투숙객이 있는 날은 웜샤워 게스트는 차고로 밀려난다. 오늘은 독일 여행객이 에어비앤비 손님으로 오는 날, 매월 10명 정도의 유료 숙박객이 있어서 5~6백 달러의 적지 않은 수입을 올린다니, 아쉽기보다 기쁜 마음으로 차고에서 지낼 수 있었다.

9일차 Guadalupe – Santa Ynez

숙소 웜샤워 하우스 **거리** 82km **누적 거리** 665km

나도 그렇게 할 수 있을까?

웜샤워 호스트들에게 준 것이 없는데, 받기만 해도 괜찮은지 모르겠다. '아론'은 작별 인사를 하는 나에게 배고플 때 먹으라고 쿠키와 사과를 챙겨주고, 부활절 선물로 작은 인형까지 주었다. 그녀는 내 가슴을 울릴 수 있는 다감한 여인이었다. 그리고는 길을 나서는 나를 도로에까지 나와서 배웅했다. 지금까지 살아오면서 대부분 한국인이 그렇듯이, 오로지 내 가족만 머릿속에 있었다. 앞으로는 미국의 웜샤워 호스트들처럼, 다른 사람들에게 도움을 줄 수 있는 마음의 여유를 가질 수 있으면 좋겠다. 솔뱅

Solvang. 미국 속의 작은 덴마크 마을인 솔뱅은 오랫동안 내 가슴 속에 오롯이 기억되고 있던 예전의 모습이 아니었다. 이 도시에 처음 왔을 때는 흥분한 가슴을 진정하기 힘들 정도로 내 마음을 빼앗아 갔다. 하지만 오늘은 그렇고 그런 마을보다는 조금 낫지만, 두 눈이 휘둥그레질 정도는 아니다. 나이가 들어서 그런 건지, 아니면 미국횡단이라는 무거운 마음의 부담이 있어서 그런지 모르겠다. 자전거로 솔뱅의 구석구석을 살펴보고, 목적지 산타 이네즈Santa Ynez로 향했다.

미국의 도로명 주소는 일관성이 있어서, 찾아가기 어렵지 않지만, 호스트 '제임스'의 집은 그렇지 않았다. 중간에 지번이 많이 건너뛰었다. 붙임성이 있고 친절함이 몸에 밴 '제임스'는 깨끗이 청소된 방안으로 자전거를 들여놓으라고 강권했다. 민망하기 짝이 없었다. 내가 거절하자, 자신이 직접 내 자전거를 끌고 들어갔다. 놀랍게도 그의 집에서 김치를 맛볼 수 있었다. 나는 답례로 김치에는 라면이 제격이라고, 한국에서 가져간 라면을 선물했다. 그는 프라이팬에 콩과 와인, 다진 양념을 넣고 볶으면서 콩스프를 만들었다. 와인 애호가인 '제임스'는 자신이 조리한 음식과 소장하고 있는 와인 중에서 내 입맛에 맞는 와인을 골라서 대접했다. 그는 캘리포니아 대학교 산타바바라 캠퍼스 UCSB에서 박사과정을 밟고 있는 약혼자와 알콩달콩 살고 있었다. 이 커플의 행복을 기원한다.

'제임스'는 타고난 기버Giver였다. 그의 일과는 봉사로 시작해서 봉사로 끝났다. 나에게도 끊임없이 불편한 점이 없는지 물으며 해결해 주었다.

4월 8일에 받아본 제임스의 편지

Hello, Min~

It's James, in Santa Ynez. I want to offer to you my most sincere thanks, it was truly a joy and an honor to meet and share time with you, and both Hardy and I enjoyed your visit immensely. Yours was by far the most wonderful visit we have had with any of our Warmshowers guests, and we are deeply grateful that we were able to spend time together. We had a great time last night and this morning! I hope your ride today was okay, and that the rain wasn't too bad or too cold. Feel free to write or call if you have any questions about the remainder of your trip. I would be happy to offer whatever knowledge and help that I can.

Please ride safely, enjoy the remainder of your amazing trip, and be well!

Warm regards,

James

PS- Please send me the link to your blog- I would love to follow along with your journey!

10일차 Santa Ynez - Santa Barbara

숙소 웜샤워 하우스 거리 82km 누적 거리 747km

내가 행운의 메신저?

'제임스'는 오늘 강수량 30mm, 강수 확률 90%로 비가 온다고 했다. 집을 나서려는 순간부터 정말 비가 내리기 시작했다. 이번 여행을 와서 처음으로 맞아 보는 비였다. 22년 전, 한 달간 산타바바라Santa Barbara 에서 홈스테이할 때 비를 구경하지 못했고, 이번에도 어제까지 비가 내리지 않았다. 이렇듯 비 구경하기 어려운 건기에 내가 행운의 비를 몰고 왔다고 엄지손가락을 치켜세우며 덕담해 주었다.

아침에는 가늘게 내리던 비가 시간이 지나면서 점점 굵어지더니 어느새 폭우로 변해 버렸다. 내리막에서는 헬멧과 고글 사이의 빈틈으로 빗줄기가 들어와서 내 눈동자를 가격했다. 비의 직격탄을 맞은 두 눈이 따끔거리는 정도를 넘어서 아팠다. 그냥 가볍게 여길 정도의 비가 아닌 것 같았다. 일단 고속도로 사무실의 처마 밑으로 피신해서 빗줄기가 가늘어지기를 기다려야 했다. 언제 그칠지 모르는 비 때문에 갈 길이 먼 여행자가 길가에서 하릴없이 시간을 보내는 것은 난감한 일이다. 나의 간절한 마음이 통했는지, 한 시간쯤 지나니 빗줄기가 가늘어지기 시작했다.

오번 트레일OBERN TRAIL을 이용해서 여자 호스트 '줄리'의 집에 도착했다. 작고 낡아 보이는 외관과 달리, 실내는 단순하면서 깨끗했다. 그녀의 웜샤워 프로필에는 여자 여행자를 환영한다고 되어 있는데, 남자 여행자를 받아 준 이유를 묻지는 않았다. 그녀의 첫인상은 백인 특유의 자부심이 강하면서, 깐깐한 성격인 듯 보였다. 해안가 산책하러 나갔다 온다고 하면서 냉장고에 재료가 있으니, 나보고 원하는 요리를 해 먹으라고 한다. 지

그동안 여자 게스트만을 호스트했다는 '줄리'는 고맙게도 동양에서 온 잘 생긴(?) 남자 여행자의 호스트가 되어 주었다. 그녀의 집은 단출하지만 깨끗하게 정돈되어 있었다. 동양적 침실구조의 그녀 집에서 안락한 밤을 보낼 수 있었다.

금까지의 호스트와는 조금 달랐다. 집주인이 저녁을 차려 주지 않고 나보고 알아서 먹으라니 그렇게 할 수밖에 없다. 내가 할 수 있는 유일한 요리는 라면 끓이기이다. 처음에는 냄새 때문에 망설였지만, 선택의 여지가 없었다. 역시나 우려한 대로 온 집안에 라면 냄새가 진동했다. 산책에서 돌아온 그녀는 다행히 라면 냄새에 크게 신경 쓰지 않았다. 나보고 식사했는지 묻더니, 자신이 웜샤워 게스트들에게 음식 대접을 하지 않은 이유를 설명했다. 게스트마다 입맛이 다른데, 호스트인 자기 위주로 음식을 만들다 보니 어느 때는 정성스럽게 음식을 준비했는데도, 게스트가 음식을 남기게 되니 그게 싫었단다. 충분히 일리 있는 이야기이지만, 아무거나 주는 대로 잘 먹는 내 식성을 모르는 것이 아쉬울 따름이다.

11 일차 **Santa Barbara**
숙소 웜샤워 하우스 거리 41km 누적 거리 788km

그때 그 여인은 없었다

로버트 프로스트의 시 중에 '가지 않은 길(The Road Not Taken)'이 있다.

'훗날 훗날 나는 어디선가 / 한숨을 쉬며 이야기할 것입니다. / 숲속에 두 갈래 길이 있었다고 / 나는 사람들이 적게 간 길을 택하였다고 / 그리고 그것 때문에 모든 것이 달라졌다고'

인생은 선택의 연속이다. 자전거 여행 코스 결정도 마찬가지이다. 코스를 정할 때마다 해발고도, 교통량, 주행거리를 고려해서 하나의 코스를 결정하게 되는데, 이럴 때는 선택하지 않는 길에 대한 미련이 남게 된다. 주변에 유명한 관광지가 있을 때는 특히 그런 갈등이 더 심해진다. 그래서 노트북에 저장 중이던 다른 코스 파일을 삭제하고, 딱 하나만 남겨 놓았다. 아울러 구글맵으로 내가 가려는 코스의 고저도를 확인한 결과, 중대한 결단을 내리지 않을 수 없었다. 빅서Big Sur를 비롯한 태평양 연안 고개들의 해발고도가 겨우 300여 미터 수준인데도 혼이 나갈 정도로 힘들었다. 그렇다면 해발고도 3,300m의 로키산맥을 어떻게 넘을 것인가? 짐 무게를 줄여야 한다. 지금의 무게에서 최소 10kg을 과감하게 버려야 한다. 그렇지 않으면 결코 아나폴리스Annapolis 대서양 바닷물에 자전거의 앞바퀴를 담글 수 없다는 현실을 깨달았다.

산타바바라에서 하루 휴식을 취하는 날이라서, 해가 중천에 떴을 때 추억 여행을 시작했다. 치렁치렁 무겁게 달고 다니던 패니어를 떼어 버리니 자전거가 저절로 굴러가는 느낌이 든다. 패니어가 있고, 없는 것이 이렇게 차이가 나는 줄 몰랐다. '홀리스터 거리'Holister Ave를 따라서 북서 방향으로 10여 킬로를 올라가니 눈에 익은 동네가 나타났다. (필자는 은행 재직 중 미국에 연수를 와서 산타 바바라에 한 달간 머문 적이 있다) 그때도 마을 가운데 농장이 있었는데, 지금도 마찬가지였다. 길가의 가게에서 와인을 사서 집에서 혼자 홀짝홀짝 마시던 기억이 새롭다. 22년이 지난 지금의 거리 풍경은 예전과 다름이 없다. 당시에는 이곳이 매우 깔끔한 부촌이었는데, 세월이 흐르면서 발전이 정체되고 낙후된 동네로 변해 버린 것 같아서 아쉽다.

주택가 골목 끝에 내가 한 달간 지냈던 '수잔'Suzan의 집이 있다. 혹시 지금도 살고 있을지 모른다고 생각하니 가슴이 두근거린다. 그녀가 어떻게 변했을까 궁금해졌다. 문을 두드려도 인기척이 없는 거로 봐서는 집안에 아무도 없는 듯했다. 출입문에 내가 이곳을 찾은 이유와 혹시 그녀의 연락처를 알면 전화해 달라는 메모를 남겨 놓았다. 마침 골목 안으로 우편배달 차량이 들어왔다. 여자 집배원에게 상황을 설명하니 10분만 기다려 주면 그녀의 거처를 확인하고 다시 이곳으로 오겠다고 한다. 집배원은 약속

산타바바라를 처음 방문했던 1993년에는 멋진 스페인풍의 이국적인 저축은행 건물(오른쪽 사진)이었는데 지금은 낡은 외관의 피트니스 센터(왼쪽 사진)로 바뀌어 있었다.

피자&맥주 파티에는 호스트 '줄리'와 '후치핑' 부부, 그의 아들들 그리고 처남이 참석했다.

대로 돌아왔지만, 동네 우체국의 최고 선임자도 '수잔'이 누구인지 모르더라는 이야기를 전해 주었다. 잠시 마음을 설레게 했던 그때 그 여인은 더는 그곳에 없었다.

내게 중요한 것은 어제가 아닌 오늘과 내일이다. 내일을 어떻게 살아가야 할지 부단히 고민하고 노력하는 삶을 산다면, 남은 인생도 틀림없이 아름다울 것이다. 비록 단 하루의 짧은 여행이었지만, 추억이라는 이름으로 가슴에 남아 있던 20여 년 전 산타바바라 골레타Goleta로의 여행을 마치고, 로키산맥을 넘어야 하는 내일의 힘찬 도전을 위하여, 오늘로 돌아왔다.

10일차 Santa Barbara - LA Thousand Oaks

숙소 한인 하우스 거리 116km 누적 거리 904km

진로를 동쪽으로 돌려라!

아침을 먹고 출발했지만, 운동량이 많으니 금세 시장기가 돌았다. 길가의 작은 가게에 들러서 간식용 빵을 샀다. 빵값의 끝자리가 69센트라서 내가 가지고 있던 코인을 계산대에 쫙 펼쳐 놓으니까, 계산대 여직원은 쿼터(25센트) 대신 페니(1센트) 위주로 잔돈을 집어갔다. 나도 모르는 사이에 그녀가 내 마음속에 들어왔나 보다.

2015년 4월 9일 오전 9시 47분, LA 북쪽 벤투라 Ventura의 해변에서 미국 횡단 이벤트를 가졌다. 정식으로 하자면 태평양 바닷물에 자전거의 뒷바퀴를 담가야 하지만, 패니어가 주렁주렁 달려서 그렇게 하지 못하고 나만 바닷물에 들어가서 손을 담갔다. 아나폴리스Anapolis까지 무탈하게 완주할 수 있게 해 달라고 기원하니, 마음이 차분해 지고 숙연해졌다. 지금까지 환상적인 풍경으로 벅찬 감동과 기쁨을 안겨 주었던 태평양과 이별하고 이제는 거친 내륙으로 들어가게 된다. 본격적인 시련과 고생이 나를 기다리고 있을 것이다. 앞으로 어떤 힘든 상황이 닥쳐도 잘 이겨낼 수 있을 거라고, 스스로 다짐하며 힘찬 출발을 외쳤다.

구글맵을 너무 믿은 게 잘못이었다. 목적지인 싸우전스 오크스 Thousands Oaks를 찾아가는데 구글맵은 골짜기 깊숙이 자리 잡은 하수종말처리장으로 나를 안내했다. 그런 줄도 모르고 한참을 들어갔는데, 길이 막혀 있었다. 왕복 40분간 고갯길을 오르고 내리며 헤맸다. 엎친 데 덮친 격으로 때맞춰 인터넷 연결이 끊어졌다. 어디가 어딘지 전혀 방위를 분간할 수 없었다. 구글과 티모바일T-Mobile이 합작해서 나를 전혀 알지 못

벤투라Ventura 북쪽 15km 지점에 있는 홉슨 카운티공원Hobson County Park에서 미국 횡단 의식을 거행했다. 자전거를 들고 바닷가로 내려갈 수 없어서, 태평양 바닷물에 손을 담그는 것으로 대신했다.

하는 곳으로 보내 놓고, 나 몰라라 하는 형국이 되었다. 하수종말처리장의 정문 앞에서 길을 찾아서 헤매니까, CCTV로 나를 지켜보았을 직원이 인터폰으로 길 안내를 해 주었다. 이 사건 이후에도 구글맵은 어디에 정신이 팔렸는지 나를 계속 헤매게 했다.

길고 긴 고개를 넘어가니 고급 주택들이 듬성듬성 수목 사이에 자리 잡고 있었다. 다행히 약속 시각에 맞춰 LA에 거주하는 지인의 집에 도착할 수 있었다. 재미 교포인 그의 집은 미국인 호스트의 집과는 차원을 달리했다. 넓은 거실에 응접실, 식탁, 주방 등이 따로 있고, 1, 2층을 합쳐서 방이 7~8개는 넘어 보였다. 미국에서 성공한 한인 교포를 보는 게 이렇게 기분이 좋을지 몰랐다. 그의 가족들과 인사를 나누자마자, 짐 무게 줄이기에 돌입했다. 하지만 자전거 여행에 꼭 필요할 것으로 생각해서 가져온 물품들이라서 추려 내기가 만만치 않았다. 오랜 시간 고심했어도, 겨우 짐의 일부 만 뉴저지 New Jersey의 친구에게 보낼 수 있었다.

13일차 LA Thousand Oaks - Santa Clarita

숙소 모텔 | 거리 61km | 누적 거리 965km

여행 속의 슬럼프, 향수병이 찾아왔다.

시래기 국밥에 김치와 깍두기로 차려진 아침밥상은 근 보름 동안의 향수를 달래기에 충분했다. 그와 비례해서 오늘따라 유난히 아쉽고, 마음 한구석이 허전했다. 오늘은 주행거리를 짧게 잡았기 때문에 서두를 필요가 없었지만, 심리적으로 슬럼프가 느껴지니, 주행이 한없이 늘어졌다. 집 떠난 지 얼마 되지 않아서 아직 적응이 덜 된 건지, 아니면 지난 일주일간 만났던 여러 호스트와의 좋은 추억들로 인해서 혼자된 지금, 마음이 허전해서 그런 건지 모르겠다. 장기 여행자에게 이러한 슬럼프는 한 번 이상 찾아온다는 말을 들은 적이 있다. 그럴 때를 대비해서 나름의 극복 방법을 준비해 놓으라는 조언을 들었는데, 우려했던 슬럼프가 조금 일

구글맵이 안내하는 싸우전스 오크스Thousands Oaks에서부터 산타 클래리타Santa Clarita까지의 자전거 경로이다. 주행거리와 고저도도 함께 제공한다.

로스엔젤레스 북서쪽의 카노가 파크Canoga Park는 자전거 친화적인 도시였다. 차도와 완전히 분리된 자전거 전용도로가 눈길을 끌었다.

찍 찾아왔다. 앞으로 남은 길고 긴 외로운 여정을 고려하면 사소한 우울감이라도 자리 잡을 틈을 만들어주면 절대 안 되는 법, 더는 확대되지 않도록 긍정적인 사고를 하려고 부단히 노력했다.

자전거 여행에서 종이 지도가 유용할 수 있지만 미국처럼 방대한 나라를 여행할 때는 보따리에 파리가 앉아도 짐이 되는 법이라서 종이 지도를 준비하지 않았다. 그래서 오로지 구글맵의 안내를 받으며 주행을 하다 보니 내비게이션 화면에 표시되는 좁은 지역에서의 현 위치만 알 수 있을 뿐, 도대체 내가 로스앤젤레스의 어디를 달리고 있는지 파악할 수 없었다. 애초에는 바스토우Barstow에서 40번 고속도로와 히스토릭 루트Historic Route 66번을 타고 니들즈Needles까지 가려고 했다. 그렇지만 두 도시 간의 거리가 176마일 (281km)인 데다가 루트 중간에 음식점이나 숙박업소가 없어서, 어떻게 해야 할지 고민을 거듭하고 있다. 산타 이네즈의 호스트 '제임스'는 조슈아 트리 국립공원Joshua Tree National Park은 꼭 둘러보고, 캘리포니아 투엔티나인 팜스 Twentynine Palms에서 애리조나 파커 Parker로 가라고 추천했다. 두 도시 간의 거리는 110마일 (176km)이어서 애초 계획했던 코스보다 짧지만, 이곳도 허허벌판이기는 마찬가지다.

14 일차 Santa Clarita – Palmdale

숙소 웜샤워 하우스 거리 79km 누적 거리 1,044km

하마터면 큰일 날 뻔했다.

소문과 달리 '모텔6'와 '굿 나이트 인'Good Nite Inn의 숙박비가 저렴하지 않았다. 체크아웃하면서 야간 근무를 해서 피곤한 당직 데스크 직원을 붙잡고 넋두리 같은 푸념을 했더니 그래도 고객의 말씀이라고 내 말에 고개를 끄덕여 주었다. 숙박비 때문에 언짢았던 기분은 털어 버리고 오늘도 새로운 만남과 멋진 인연을 위해서 출발했다.

자전거는 참다 참다 견디기 어려우면 비명을 지른단다. 따라서 호미로 막을 걸 가래로 막는 불상사가 일어나지 않길 바란다면 자전거에서 나는 소리에 귀를 기울여야 한다. 며칠 전부터 페달을 돌릴 때 잡소리가 나기 시작했다. 그뿐만이 아니었다. 언덕을 내려갈 때는 핸들이 심하게 흔들렸다. 자동차의 휠 밸런스가 맞지 않으면 핸들이 떨리는 것처럼, 앞바퀴의 양쪽 짐 무게가 달라서 자전거 핸들이 떨리는 것으로 간주하고 대수롭지 않게 생각했다. 나를 추월하던 미국인 라이더가 스포크 렌치가 있으면 앞 바큇살을 조정해 보라고까지 했다. 하지만 나흘 전에 '로미오'가 휘어진 림Rim을 조정해서 문제가 없을 거로 생각했다. 어쨌든 속도를 올리면 그에 비례해서 핸들의 흔들림도 커졌다.

솔다드 캐년 로드Soledad Canyon Rd는 교통량이 거의 없어서 안전하고, 표고차가 700m라서 오르막 라이딩을 즐기는 단체 라이더들을 많이 볼 수 있었다.

호스트'조지'는 트라이커(누워서 타는 세발 자전거)를 타고 마중 나왔다. 나이가 80인 그의 차고에는 자전거가 무려 7대나 있었다.

호스트 '조지'에게서 메시지가 계속 날아왔다. 내 위치를 알려주면 트라이커triker(누워서 타는 세발 자전거)를 타고 마중 나가서 나와 같이 라이딩하겠단다. 내가 있는 주변의 지형지물을 알려주니까 얼마 지나지 않아서 그가 나타났다. 그에게 내 자전거의 문제점을 이야기했더니, 자기 차에 내 자전거를 싣고 한걸음에 단골 자전거 가게로 달려갔다. 점검을 마친 여자 수리공은, 헤드셋 크라운 레이스가 적절히 조여지지 않았다고 진단했다. 추측하건대 샌프란시스코 공항에 도착해서 자전거를 조립할 때, 토크 값만큼 조이지 않았던 모양이다. 하마터면 치명적인 사고로 이어질 뻔했다. 그녀는 잡소리의 원인을 찾아내지 못했다. 다만 내가 잡소리에 신경만 쓰지 않는다면 목적지인 워싱턴DC까지 가는데 아무런 문제 없다며 웃었다.

15일차 Palmdale - Apple Valley

숙소 모텔 **거리** 108km **누적 거리** 1,152km

사막에서 일어난 폐쇄 공포증

'조지'는 자신의 집에 하루 더 묵기를 원했으나, 사흘 전 산타바바라에서 하루를 쉬었기 때문에 그의 요청을 뿌리쳐야 했다. 동서양을 막론하고, 나이가 들면 고집이 세어지고 걱정이 많아지는 것 같다. 그러다 보니 말이 많아지고. 아들뻘 되는 내가 걱정되는 듯, '조지'는 컴퓨터에 지도를 띄워 놓고 열심히 내가 가야 할 루트를 설명해 주었다. 그러나 지명이 낯설어서 말만 들어서는 도저히 감을 잡을 수 없었다. 나는 구글맵을 이용해서 주행할 테니 걱정하지 말라고 해도, 설명할 것은 끝까지 다하는 고집을 부렸다. 어제저녁에 이런저런 대화 중간에 군대 이야기가 나왔을 때, 여든 살이라는 나이가 무색할 정도로, 그는 눈을 반짝거리며 자신의 군대 생활 이야기를 들려주었다. 쿠바 미사일 위기 때 알래스카에서 공수부대 소령으로 근무하면서 미국을 지키는 첨병 역할을 했다고 무척 자랑스러워했다. 길을 나서는 나를 꼭 포옹하며, 이제부터는 내가 자기 아들이란다. "조지! 사모님과 오래오래 사세요." 아쉬움의 작별인사를 남기고, 오늘의 여정을 시작했다.

내 앞에 펼쳐진 세상에는 하나의 선만이 존재했다.
하늘과 땅이 맞닿은 지평선, 끝이 보이지 않는 세상이 나를 둘러쌌다.
바람도 무서워서 자취를 감춘 황량한 사막 한가운데,
작렬하는 불덩어리가 태워 버릴 듯 나를 짓눌렀다.
내 한 몸 구원할 안식처가 어디에도 없음에 절망했다.
세상천지에 혼자라는 절박함에 울부짖었다.
두려움과 공포는 나를 숨 막히게 만들었다.

좁은 공간에 갇힐 때 발생하는 폐쇄 공포증이 사방이 확 트인, 풀 한 포기 없는 사막에서 찾아왔다. 상상하지 못했던 일이 벌어진 것이다. 앞으로 나갈 수도, 그렇다고 뒤로 도망칠 수도 없는 진퇴양난에 빠졌다. 게다가 뜨거운 햇볕을 많이 받아서 현기증까지 일어났다. 그 순간, 나를 기다리고 있을 가족의 얼굴이 떠올랐다. 나는 살아서 가족의 품으로 돌아가야 한다. 마시기도 아까운 물을 머리에 쏟아부었다. 사막에서의 생명수를 머리 식히는 데 사용한 것이다. 아울러 발상의 전환을 시도했다. 뜨겁고 황량한 사막도 태평양의 눈부신 절경과 마찬가지로 가슴을 열고 긍정적으로 받아 드리려고 노력했다. 드디어 숨 막힐 듯 조여오는 가슴 압박과 정신적 공황에서 벗어나서 마음의 안정을 찾을 수 있었다. 예상하지 못했던 장소에서 뜻밖의

인근에 유명한 에드워즈 공군기지가 있는 엘 미라지 El Mirage의 넓은 사막에서 폐쇄공포증을 경험했다.

상황과 마주하게 되니, 지금까지 미국 횡단을 너무 쉽게, 감성적으로 접근하지 않았나 반성하게 되었다. 미국 횡단은 자연을 극복하는 과정이면서 자신과의 내적 싸움이라는 것을 실감했다.

16일차 Apple Valley – Yucca Valley

숙소 웜샤워 하우스 거리 91km 누적 거리 1,243km

내가 마음의 여유가 없는 건지… …

어제는 대자연에서 절체절명의 공포와 위기를 느꼈다면, 오늘은 몰지각한 인간으로부터 내 목숨을 지키기 위해서 엄청난 스트레스를 받아야 했다. '올드 우먼 스프링스 로드'Old Woman Springs Rd라고 불리는 왕복 2차선의 247번 도로는 내가 안전하게 오늘의 숙소에 도착할 수 있을지 걱정하게 만들었다. 비록 갓길이 있지만, 소프트 숄더Soft Shoulder, 즉 모래를 쌓아 놓아서 갓길의 역할을 전혀 할 수 없는 귀퉁이 땅이었다. 강한 바람이 수시로 방향을 바꾸는 상황에서, 자칫 실수로 모래로 미끄러져 들어가기라도 하면 대형 참사가 날 수밖에 없었다. 이러한 도로 여건에서 전방에 드물게 볼 수 있는 자전거 여행자가 맞바람 때문에 악전고투하고 있으면, 안전사고를 우려해서 차량은 속도를 줄어야 마땅한데, 이 지역 대부분 운전자는 그렇게 하지 않았다. 강력한 맞바람이 순간적으로 옆바람으로 바뀌면, 핸들이 좌우로 흔들리며 아차 하는 순간에 차선을 넘게 마련인데, 바로 그 순간에도 그들은 속도를 줄이지 않고 내 옆을 스치듯이 지나갔다. 여행은 세상 이치의 재발견을 통해 마음을 여유롭고 풍성하게 한다지만, 샌프란시스코 운전자들과는 너무나 다른 이곳 사람들의 난폭한 운전매너로 인해서 끝내 자제력을 잃고 말았다. 내 옆을 바싹 붙어서 지나가는 차량을 향해서 온갖 험한 욕을 해댔다.

오늘은 나의 자전거 역사에 최악의 날로 기록될 것이다. 엔드리스 Endless는 이런 상황에 딱 맞는 끔찍한 단어였다. 가도 가도 끝이 없는 오르막 사막 도로에서 등 뒤의 대형 트럭 엔진 소리가 점점 가까이 들려오면, 심장이 얼어붙어 후사경을 볼 마음의 여유조차 없어진다. 왜 미국 땅에 왔는지에 대한 후회가 예상보다 일찍 찾아왔다. 이렇듯 몸과 마음은 지쳐가고 있었지만, 어디에도 자전거를 세워두고 휴식을 취할 수 있는 공간은 없었다. 미국은 걸어 다니

조류 관찰이 취미인 '콜튼'의 게스트하우스 출입문 현판에는 This is the "door" you're looking for이라는 글귀가 새겨져 있었다.

는 나그네가 없어서, 도로 주변에 길손을 배려하는 시설이 전혀 없다. 어쨌든 살아서 한국으로 돌아가려면 먼저 이곳을 안전하게 벗어나는 것 외 다른 선택의 여지는 없었다.

웜샤워 호스트와 대면하기 전에, 먼저 인터넷 홈페이지에 올라와 있는 그분들의 사진과 프로필로 대충의 용모와 개성을 파악하게 된다. 그분들 역시 내가 어떻게 생겼는지 궁금한 듯 요모조모 뜯어본다. 게다가 집안으로 들어서게 되면 온 가족들의 시선을 한 몸에 받는다. 아무리 나이가 들었어도 이성에게 멋지게 보이고 싶은 것은 인지상정. 나름으로 옷가지를 단정히 하고, 땀으로 범벅이 된 얼굴도 훔치는 등 용모에 신경을 쓰게 된다. 하지만 헬멧을 벗고 동양식으로 고개를 숙이며 인사할 때는 온종일 헬멧에 눌린 머리카락이 삐죽삐죽 서 있는 꼴이 가관이다. 그런 연유로 미국에 와서 머리에 두건을 쓰고 헬멧을 착용했다. 이처럼 나름으로 멋 부리려고 쓰기 시작한 두건이 아예 습관이 되어 버렸다. 어제 겪었던 열사병도 내가 한동안 잊고 있었던, 기본에 충실하지 않은 데 있었다. 헬멧의 통기구로 들어온 시원한 바람이 머리를 식히지 못해서 발생한 것이다. 두건을 벗고 헬멧만 쓰니 답답했던 머리가 그렇게 시원할 수 없다. 역시 멋보다는 실속이 중요하다.

최악의 상황에서 반전이 나를 기다리고 있었다. 호스트인 '콜튼'은 메시지를 통해서 자세하게 자신의 별장으로 찾아오는 방법을 알려 주었다. 그의 게스트하우스는 사막의 오아시스였다. 냉장고에 가득한 냉동 음식과 각종 조리도구, 넓은 실내공간과 편안한 침대 등 불편한 게 전혀 없는 숙소였다. 그는 내가 원하는 어떤 것도 들어줄 준비가 되어 있었다. 이처럼 인간다운 사람을 만나는 낙樂이 있으니, 오늘 같은 악조건에도 절대 굴하지 않고 나의 여행은 계속될 것이다.

17 일차 **Yucca Valley - Twentynine Palms**
숙소 모텔 거리 40km 누적 거리 1,283km

더 큰 것을 위한 결정

사막 도시인 유카밸리Yucca Valley의 아침은 지금껏 몰랐던 새로운 세상이었다. 청명한 하늘 아래에 사막의 선인장과 어울리는 바위가 이국적인 모습을 보여주고, 독특하게 설계된 주택들이 낯선 사막의 나무들과 조화를 이루는 게 색달랐다. 이곳에는 네모 반듯한 철재 대문과 속이 훤히 들여다보이는 울타리로 둘러싸인 목조주택, 키 큰 선인장이 얼퀴설퀴한 잡목 사이에 우뚝 서 있었다. 파란 하늘 아래, 사막의 도시가 이처럼 아름다울 수 있다는 것이 경이로웠다. 어제의 악몽을 잊을 수 있을 만큼 충만한 기운이 전신에 가득했다. 역시 여행에는 내가 경험해 보지 못한 또 다른 세상을 보는 즐거움이 있는 법. 목적지까지 곧바로 가는 투엔티나인 팜스 고속도로Twentynine Palms Hwy의 유혹을 떨치고 조금 돌아가는 유카 트레일Yucca Trail을 택했다. 어제처럼 차들이 쌩쌩 달려서 생명의 위협을 느끼는 도로를 벗어나니, 너무나 마음이 편안했다. 시야가 넓어지고 마음도 활짝 열렸다. 최악의 도로 상황을 경험했으니, 이제는 웬만한 것 가지고는 불평이 나오지 않을 것 같다.

조슈아 트리Joshua Tree마을에 도착했다. 메마른 사막 위로 곧게 뻗은 통나무 모양의 큰 줄기와 밤송이처럼 뾰족한 가시 모자를 쓴 5~6개의 굵은 가지로 이루어진 조슈아 트리가 곳곳에서 사막의 주인임을 알리고 있었다. 저 멀리 병풍처럼 둘러쳐진 흙산이 나무 한 그루 자라지 못하는 민둥산으로만 알았는데, 크고 작은 돌로 이루어진 조슈아 트리 국립공원의 바위산이었다. 산타이네즈의 '제임스'가 꼭 가보라고 추천한 국립공원이었

도로 주변에는 뾰쪽한 가시 모자를 쓴 조슈아 트리Joshua Tree가 군데군데 자라고 있었다.

다. 그러나 심신이 피곤한 여행자는 샛길로 빠져서 높은 고개를 한참이나 올라가야 하는 국립공원에는 들어갈 엄두가 나지 않았다.

내일은 투엔티나인 팜스Twentynine Palms에서 애리조나 파커Parker까지 110마일을 가야 한다. 이 구간은 중간에 모텔이나 레스토랑이 전혀 없는 불모의 모하비 사막이다. 죽음의 사막 구간을 어떻게, 어느 코스로 통과해야 할지, 처음 미국 횡단 여행을 구상했을 때부터 지금껏 고민을 해왔다. 사막을 건너야 하는 디데이D-Day가 바로 코앞이라서, 더는 결정을 미룰 수 없다. 호스트 '콜튼'은 극히 일부의 젊은이들만 하루에 이 구간을 통과하고, 대부분은 사막 중간에 텐트를 치고 이틀에 걸쳐서 통과한다고 알려주었다. 며칠 전 황량한 사막에서 폐쇄 공포증을 느낀 적이 있어서, 모하비 사막 한가운데에서 하룻밤을 보내는 것이 솔직히 부담스럽다. 고민에 고민을 거듭했다. 혹시라도 위급상황에 처했을 때 나를 도와줄 사람이 없는, 섭씨 40도가 넘는 사막 180km를 홀로 횡단하는 것은 자살행위라는 결론을 내렸다. 즉 자전거를 타지 않고, 자동차를 이용해서 사막을 건너기로 마음을 굳혔다. 이것은 오로지 두 다리로 자전거 페달을 돌려서 미국을 횡단하겠다는 나와의 약속을 깨는 힘든 결정이다. 가장 큰 이유는 안전 때문이다. 태양이 이글거리는 한낮의 사막보다 무서운 것은, 바로 사막에서 혼자 하룻밤을 보내는 것이다.

투엔티나인 팜스에는 렌터카 회사가 없어서, 모텔 여직원의 도움을 받아서 어제 묵었던 유카 밸리Yucca Valley의 렌터카 회사에 전화를 걸었다. 이 회사는 자전거를 타고 다시 유카 밸리로 돌아오란다. 받아 드릴 수 없는 제안이다. 또 다른 대안은 택시였다. 전화로 상담해도 될듯한데, 택시회사의 젊은 흑인 여성이 모텔로 나를 찾아왔다. 그녀는 350달러를 요구했다. 150달러까지 지급할 의향이 있다고 대답하니, 왕복 5시간 거리에 350달러는 많은 금액이 아니라고 목소리를 높였다. 렌터카도, 택시도 내가 선택할 수 있는 해결책이 아니었다. 단 하나의 방법만 남았다. 히치하이킹이다.

미국의 많은 주에서는 안전을 위해서 법으로 금지하고 있지만, 모하비 사막을 안전하게 횡단하기 위한 마지막 방법이다. 7, 80년대와 달리 요즘의 미국인들은 끔찍한 사건· 사고 등으로 인해서 타인을 부쩍 경계하게 되었고, 또 삶이 각박해져서 그들 특유의 관용과 배려심이 사라지고 있다고 한다. 치마를 살짝 걷어 올리고, 엄지손가락을 치켜세우며 멋지게 남의 차를 얻어 타는 모습을 이제는 영화에서나 볼 수 있다고 자조 섞인 푸념을 하는 사람도 있었다. 하지만 나는 웜샤워 호스트들처럼 타인을 배려하고, 도움이 필요한 사람에게 선뜻 도움을 주는 미국인들이 많다고 굳게 믿고 싶다.

18일차 Twentynine Palms - Parker AZ

숙소 모텔　거리 15km　누적 거리 1,298km

그것은 아이러니였다.

어도비 로드Adobe Rd와 투엔티나인 팜스 하이웨이Twentynine Palms Hwy가 만나는 사거리에서, 온갖 미소를 지으며 나를 태워 달라고 커다란 종이cardboard를 들고 서 있었다. 밝게 웃으면 태워줄까 싶어서 더 크게 웃어도 보고, 손도 흔들어 보았다. 나의 구애를 받는 그들은 누구인가? 아이러니였다. 그저께 내가 그렇게 미웠던 이 지역의 난폭한 운전자들이다. 그게 무슨 상관이랴. 나는 그들의 도움이 필요했다. 하지만 옛날 미국 영화에서 봤던 인정 많은 미국인은 없었다. 하긴 우리나라 인심도 70년대와 지금은 많이 다를 테니까…… 웜샤워 호스트 '제임스'와 '콜튼'같은 사람들은 세상 사람들이 다 자기들 같다고 생각해서 미국에서 히치하이킹하는데 문제없다고 했지만, 현실은 그들의 생각과 너무 달랐다. 운전자의 반 정도만 내가 들고 있는 카드보드cardboard에 관심을 보일 뿐, 나머지는 고개조차 돌리지 않았다. 나이 60에 길거리에서 무려 다섯 시간 동안 노숙자처럼 지나가는 차에 추파를 던졌다. 끝내 입질도 없는 찌를 바라보는 강태공의 허탈한 심정을 넘어서, 점점 내가 왜 이 짓을 하고 있는지 심한 자괴감에 빠져들었다.

이처럼 난감한 경우가 일어날 걸 대비해서, 어제 비상 대책을 마련했다. '콜튼'에게 도움을 청했는데, 오늘 정오까지 히치하이킹을 시도해 보고, 실패하면 그가 차를 태워 준다고 했다. 아무리 그렇다고 하더라도 70세가 넘는 노인이 유카밸리Yucca Velley에서 파커Parker까지 왕복 6시간을 운전하는 것은 무리일 거라는 생각이 들었다. 그래서 나 스스로 이 문제를 해결

모하비 사막을 자동차로 건너기 위해서 투엔티나인 팜스 하이웨이 (62번 도로)에서 카드보드를 들고 하치 하이킹을 시도하고 있다. 다음에 기회가 온다면 이 사막구간 110마일(176km)을 꼭 자전거로 건너고 싶다.

하려고 최선을 다했지만, 그에게 전화하는 것 말고는 다른 방법이 없었다. '콜튼'에게 구조 요청을 보냈다.

약속대로 정확히 오후 1시 30분에 구세주가 나타났다. 그의 차에 자전거와 짐을 싣고 애리조나 파커로 향했다. 역시 이 구간은 살아 있는 생명체라고는 흔적조차 찾아볼 수 없는 사막이었다. 그렇지만 자전거를 타고 건너야 할 구간을 자동차를 타고 건너는 것에 대한 이런저런 상념과 갈등이 꼬리에 꼬리를 물고 이어졌다. 눈을 감고 조용히 자신에게 반문했다. 작렬하는 태양과 이글거리는 아스팔트, 거기에 아무것도 살지 못하는 사막에서 하룻밤을 지내며, 안전하게 파커까지 건널 자신이 있느냐고 스스로 소리치며 물었다. '콜튼' 덕분에 자동차라도 얻어 탄 것을 고마워해야 한다는 결론을 내렸다. 이번 미국 횡단 여행을 무사히 마치면 오늘 자동차로 스킵

한 구간에 대한 아쉬움이 남을 수 있겠지만, 후회하지 않을 자신이 있다.

애초 미국 자전거 여행을 계획할 때는 웜샤워 네트워크를 이용할지, 말지를 적지 않게 고민을 했다. 나이 든 사람이 생면부지의 남에게 거저 달라고 손 벌리는 것 같아서였다. 미국에 오래 거주했던 친구에게 이런 사정을 털어놓았다. 나의 소심한 걱정과 달리, 미국인들의 환영을 받을 거라고 조언했다. 그의 격려에 자신감을 얻어서 여행 경로 상에 내가 묵을 도시의 웜샤워 멤버들에게 편지를 썼다. 내가 누구인지, 왜 이번 여행을 하는지 등을 소상히 적었다. 놀랍게도 많은 미국인이 자기 집으로 오라는 답장을 주었다. 많은 용기가 필요했던 호스트와의 만남은, 나에게 이루 말할 수 없는 활력을 불어넣고 있다. 이번 여행에서 얻은 큰 수확 중의 하나가 웜샤워 호스트들과의 친교이다. 아마 오랫동안 그분들을 잊지 못할 것이다.

ORTLIEB

PART 2

애리조나

Arizona

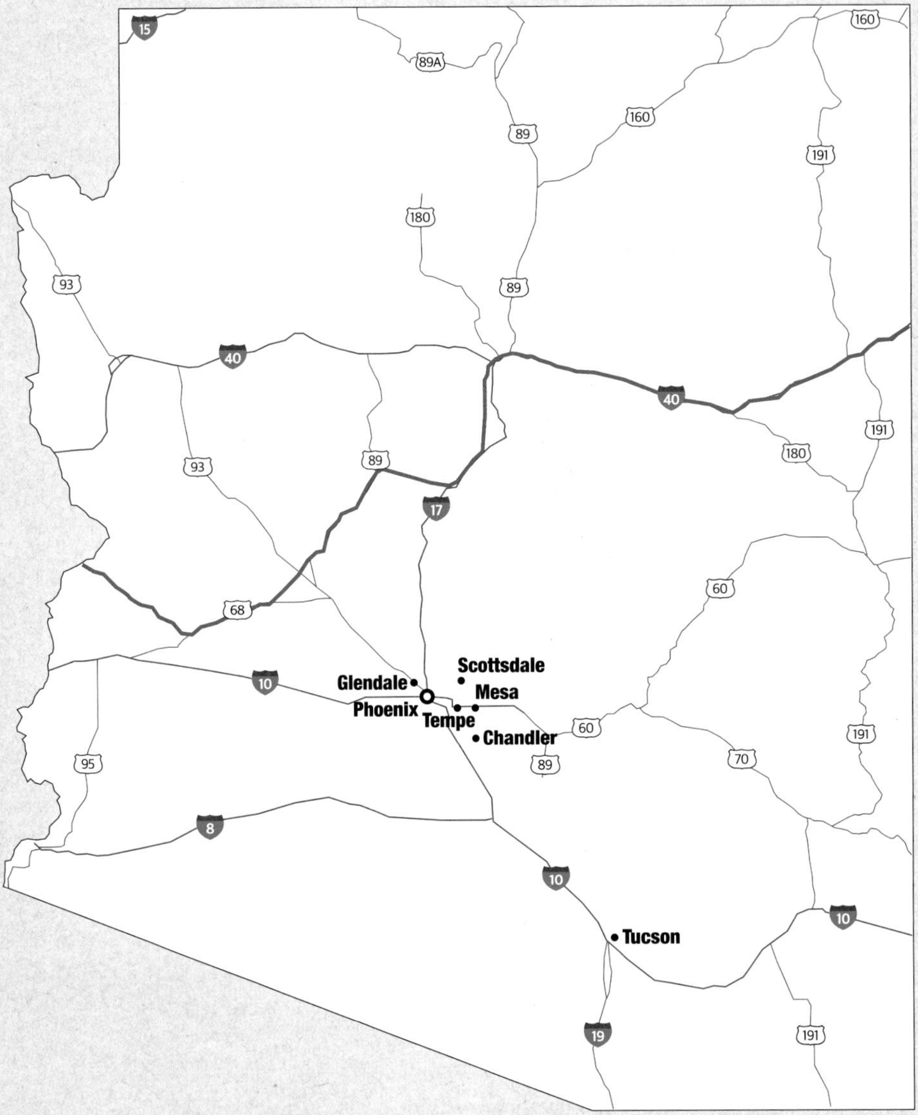
15
89A
160
89
160
191
180
93
89
40
40
191
180
93
89
17
60
68
Scottsdale
Glendale
10
Mesa
Phoenix
Tempe
Chandler
60
191
95
89
70
8
10
10
Tucson
19
191

이동 경로

19 일차 Parker AZ – Salome

숙소 모텔 거리 88km 누적 거리 1,386km

셀프 사진 찍기가 이렇게 힘들어서야…

어제 히치하이킹을 시도하면서 다섯 시간 동안 바람의 방향을 유심히 관찰했다. 이곳은 바람의 방향이 수시로 바뀌었다. 지금은 뒷바람이 불고 있지만 언제든지 방향이 바뀔 수 있어서, 물 들어올 때 배 띄우라는 격언처럼 서둘러 주행을 시작했다. 등 뒤에서 부는 바람 덕분에 힘들이지 않고 가볍게 시속 20km가 훌쩍 넘었다. 30kg 가까이 되는 패니어를 달고도 그 정도의 속도가 나오니, 내가 기울인 노력보다 더 많은 보답을 받을 때의 민망함이 느껴졌다. 요즘은 사막과 황무지를 통과하다 보니, 중간에 음식점은 물론 민가도 볼 수 없는 날이 많다. 따라서 저녁에 다음 날 식량을 준비해야 한다. 그렇지 않으면 낭패당하기 십상이다. 라이딩하는 도중에 주유소 마트가 눈에 띄면, 무조건 들어가서 식량을 챙겼다.

사막 지역에는 햇볕을 가려주는 그늘이 전혀 없다. 안전한 갓길에서 우산을 펴고 휴식을 취했다.

하늘과 땅이 만나는, 끝없는 지평선으로 자전거를 타고 들어갈 때 처음에는 블랙홀로 빨려 들어가는 느낌이었다. 하지만 이제는 많이 안정을 찾았다. 사막이라도 캘리포니아 사막과 애리조나 사막은 분위기가 달랐다. 캘리포니아 사막은 생명체가 살지 못하는 우주 행성의 황량한 느낌이라면, 애리조나 사막은 푸른 색의 생명이 꿈틀대는 것이 마치 살아 있는 듯한 분위기가 느껴졌다. 그곳에 야생화가 있었고 선인장도 보였다. 콜로라도에 입성할 때까지 쭉 이런 긍정적인 분위기가 이어졌으면 좋겠다.자전거를 세워 두는 킥스탠드가 없으니 사막에서 셀프 사진을 찍으려면 몇 가지 조건을 갖추어져야 한다. 먼저 자전거를 기대어 놓을 수 있는 기둥이라든지 버팀목이 있어야 한다. 다음으로 피사체로부터 근거리에 카메라를 올려놓을 수 있는 받침이 있어야 한다. 허허벌판 사막에서 이런 조건을 두루 갖추고 있는 멋진 풍경의 피사체를 찾는 것은 사실상 불가능하다. 오늘은 강풍에 넘어진 '전방 공사 중' 팻말이 있어서 그걸 끌고 와서 삼각대 삼아 셀프 사진을 찍었다.

20 일차 Salome – Yarnell

숙소 모텔 거리 98km 누적 거리 1,484km

첫 번째 펑크

출발전 숙소에서 앞바퀴가 펑크나 있는 것을 발견했다. 목적지 바로 앞에 엄청난 경사와 높이의 고개가 있어서 아침 일찍 출발하려고 서둘렀는데, 허사가 되어버렸다. 어제 사막에서 사진을 찍는다고 선인장 근처로 자전거를 끌고 가서, 그때 가시가 박힌 게 아닌가 싶었다. 하지만 튜브를 자세히 살펴봐도 선인장 가시는 없었다. 예전에 튜브에 붙였던 펑크 패치의 귀퉁이가 떨어지면서 바람이 샜다. 새 튜브로 교체하고 다시 출발 준비를 마치는데 무려 50분이나 걸렸다. 첫 펑크가 거리에서 나지 않고 숙소에서 발견되었으니 얼마나 다행인지 모르겠다. 앞으로 횡단 여행 중에 다시 펑

멀리 보이는 화강암 산Granite Mountain은 해발고도 1,487m였다. 패니어를 주렁주렁 매단 자전거를 타고 900m를 올라가야 했다.

크 나지 않기를 바라지만, 만약 발생한다면 오늘처럼 숙소에서 났으면 좋겠다.

어제저녁에 마트에서 사다 놓은 치킨너깃과 소고기를 아침 출발 전에 전자레인지로 데워서, 일부는 아침 식사로 먹고 남은 것은 점심때 먹을 요량으로 패니어에 담아두었다. 먹을거리가 넉넉하면 마음이 여유롭고 천하에 부러울 것이 없어진다. 나는 패니어에 옷가지, 식량 등의 짐을 차곡차곡 집어넣고 자전거 랙Rack에 거치할 때, 귀찮지만 매번 끈으로 패니어를 움직이지 않게 꽉 묶는다. 이렇게 하면 자전거가 넘어지거나 심하게 흔들릴 때 충격을 줄일 수 있고, 또 누군가 짐을 훔쳐 가려고 할 때는 시간을 벌 수 있지 않을까 싶어서다. 어제는 고맙게도 뒷바람이 불어줬는데 오늘은 땀 좀 흘리라고 맞바람이 불고 있다. 약한 오르막 경사에다가 맞바람이 앞을 막고 있으니 아무리 페달을 밟아도 제 자리였다. 숙소를 나선 지 한참이 지난 것 같은데, 겨우 10km밖에 가지 못했다. 오늘은 63마일(100km)을 주행해야 하는데 이 속도로는 언제나 도착할지 막막하기 그지없다. 63km는 어느 정도의 거리인지 짐작할 수 있지만, '마일'로 표기하면 언뜻 와 닿지 않는다. 아스팔트 도로만 쳐다보고 아무 생각 없이 페달만 밟아댄다.

미국은 자전거 여행하기에 여러 가지가 대체로 비싸다. 태국 등 동남아시아를 여행할 때는 한국 돈 3만 원이면 시설이 좋은 호텔에 묵을 수 있다. 미국에서는 60달러 이하의 모텔은 거의 없다. 간혹 오늘처럼 60달러 이하의 숙소가 나오면, 횡재한 기분이라서 예약을 서두른다. 음식값도 비싸기는 마찬가지다. 허름한 레스토랑이라도 팁을 포함해서 최소 15달러는 주어야 한다. 호스트 집에 들어갈 때는 선물로 여러 가지 과일과 고기 등 음식 재료를 사는데 일부 과일만 한국보다 싸다.

아스팔트의 마감 포장을 하지 않은 구간이 많았다. 바닥에서 작은 진동이 계속 올라오니, 겨우 아물기 시작한 허물 벗겨진 엉덩이 부위가 다시 덧나고 따끔거리기 시작했다. 자전거 세차할 때 물기를 닦으려고 가지고 다니는 작은 수건을 급히 용도 변경해서 엉덩이 패드로 사용했다. 덕분에 통증과 불편함이 많이 가셨다. 오늘은 운수 좋은 날이다. 미국에서의 첫 번째 펑크를 실내에서 때웠고, 짓무른 엉덩이 상처로 고통이 심했는데 다행히 해결책을 찾았다. 앞으로도 어떤 어려움이 닥쳐도 멋지게 헤쳐 나갈 수 있는 자신감이 생겼다. 내일은 카우치서핑 회원으로 프레스컷 밸리 Prescott Valley에 거주하는 28세의 '마이클'의 집에서 묵을 예정이다.

21 일차 Yarnell - Prescott Valley

숙소 카우치서퍼 하우스 거리 72km 누적 거리 1,556km

포기할까?

어제까지는 사막지형의 연속으로 구경거리가 별로 없었지만, 오늘은 푸른 초지에 소들이 풀을 뜯는 풍경이 연이어 나타났다. 단 하루 차이인데도, 황량한 벌판에서 햇볕으로부터 자전거를 제법 시원하게 가려 줄 수 있는 나무와 어슬렁거리는 소가 있는 목장 지대로, 주변이 바뀌었다.멀리 전방에 산자락을 가로지르는 도로가 아스라이 보였다. 산세와 지형을 고려할 때 심히 고통스러울 저 가파른 길 말고는, 이 험준한 산악 지역을 빠져나갈 다른 도로는 없어 보였다. 보기에도 만만치 않은 상대가 점점 다가올수록, 가슴은 벌렁거리고 심한 두려움이 느껴졌다. 하지만 우회도로가 없으니 어찌하겠는가? 젖 먹던 힘까지 쏟아가며 정상을 향해 업힐을 시작했다.

한 고개에 올라서면 또 다른 고개가 어서 오라고 부르는 듯했다. 두 다리가 천근만근, 페달을 한 바퀴 돌리면 딱 그만큼만 올라갔다. 한국의 고갯길은 적당히 지칠 때쯤 되면 수고했다고 내리막을 선물하지만, 인정머리 없는 미국의 고갯길은 절대로 그런 자비를 베풀지 않았다. 프레스컷Prescott까지 10마일 남았다는 도로 표지판이 시야에 들어왔다. 정상이 바로 저 앞일 거라는 기대했는데, 아직 16km나 남았다니, 상심을 넘어 허탈감이 몰려왔다. 입안에서 쓴 내와 단내가 교대로 올라왔다. '포기할까?' 지금껏 한 번도 생각해 보지 않은, 뜬금없는 단어가 떠올랐다. 지나가는 차를 세우고 태워 달라고 부탁하면 어떨까? 나를 성원하는 많은 친구의 얼굴이 파노라마처럼 스쳐 지나갔다. 엄청난 후폭풍을 남길 수 있는 '포기'를 선택할 수 없었다. 이럴 때는 스스로 하는 말이 있다. '이 또한 지나가리라…….' 얼굴

프레스컷Prescott에 가까워지면서 지형이 평지에서 산악으로 바뀌었다. 나를 몹시 힘들게 했던 애리조나 89번 도로의 정상 고도는 1,860m였다.

카우치서핑을 통해 인연을 맺은 '마이클'은 엠브리-리들 Embry-Riddle 항공대학생이다. 외국어에도 관심이 많아서 이탈리아어와 일본어를 자유롭게 구사하고, 중국어도 배우고 있었다. 나에게 저녁식사를 대접한다고 불고기와 달걀을 요리해 주었고 쌀밥까지 지어냈다. 천체물리학을 전공한 그는 망원경으로 태양 주위를 도는 행성들을 보여 주었다.

은 고통으로 볼썽사납게 일그러져 가고 있지만, 인제 그만 오르막이 끝나주기를 간절히 소망하며, 남아있는 마지막 힘을 끌어모았다.

시간은 배반하는 법이 없었다. 어느덧 해발고도 6,100피트에 내가 올라서 있었다. 내가 흘린 굵은 땀방울은 하나의 선으로 이어져 자전거 바퀴의 궤적이 되었다. 다시는 오르고 싶지 않을 만큼 고통스러운 기억으로 인해서 눈시울이 붉어졌다. 로키 산맥도 아닌, 겨우 높이 1,860m의 이름 모를 고개에서 좌절할 뻔했지만, 허리가 끊어질 것 같은 고통을 참아내며 등정했으니 나를 위한 축하의 눈물을 흘려도 될 듯싶었다. 이 세상에는 누구나 도전할 수는 있지만, 아무나 성공하지 못하는 분야가 존재한다. 미국 자전거 횡단도 오로지 준비된 사람만이 시도할 수 있는 극한의 영역으로, 나 같이 평범한 사람은 결코 꿈도 꿀 수 없는 대사임을 절감한 하루였다.

22 일차 Prescott Valley - Montezuma Creek

숙소 모텔 거리 65km 누적 거리 1,621km

이별에 익숙해지고…….

헤어짐에 익숙한 사람이 있을까? 나도 헤어짐에 서투르다. 혼자 하는 여행이라서 그런지, 처음에는 잠시 만났다가 헤어져도 진한 아쉬움을 넘어 후유증까지 앓았다. 이번 여행을 시작한 지 어느덧 20일 남짓, 참으로 많은 사람과 만나고 헤어졌다. 그래서인지 이제는 만남과 이별에 어느 정도 익숙해졌다. 외로운 여행자는 오늘의 만남을 위해서 어제의 추억을 가슴 한 켠으로 옮겨 놓는다. 이렇게 설렘 반 두려움 반, 또 다른 인연을 찾아서 길을 나선다. 어떤 이는 세상을 더 많이 보고, 더 많은 사람과 이야기를 나누려고 일부러 천천히 달린다고 하는데, 여행하면서 좋은 사람을 만나고 심신을 재충전할 수 있으니 이보다 더 큰 기쁨이 어디 있을까 싶다.

아침 식사를 준비한다고 전자레인지를 돌리다가 치킨너깃을 태워 버렸다. 온 집안이 매캐한 냄새로 가득 찼다. 너무 순식간에 벌어진 일이다. 너무 당황스러운 상황이라서 얼른 창문을 열고 환기하고 싶었지만, 방안에 가득한 연기는 쉽게 빠져나가지 않았다. 놀라서 방문을 열고 나온 '마이클'이 쿨하게 내 실수를 받아 주었다. 자기에게는 특별한 게스트라고 나하고 같이 사진을 찍고 싶어 했다. 오늘 오후에 인근의 치노밸리Chino Valley에 살고 계신 부모님이 오신다고 하는데, 동방의 작은 나라에서 온 나그네 이야기를 하지 않을까 싶다.

끼니를 때우러 들어간 식당에 기인이 있었다. 미국판 김병연은 대서양을 목적지로, 하루하루를 계획도 없이 동가식 서가숙하는 방랑 식객이다. 남의 자동차를 얻어 타고 가다가 아무 곳에 침낭을 펴고 자는, 나이 60세인 그를 40킬로 떨어진 캠프 베르데 Camp Verde에서 다시 만났다. 나보다 자기가 더 고생스러울 텐데 내 루트에 있는 카옌타 Kayenta와 코테즈 Cortez간의 도로에서는 물을 구할 수가 없고 잠자리도 찾을 수 없음을, 진심으로 걱정해 주었다.

혼자 여행을 하면서 '인간은 자신을 사랑해야 행복해지고 타인을 사랑할 수 있다'는 말을 이해하게 되었다. 낯선 땅에 홀로 남겨지자 나를 더욱 사랑하게 됐고 다른 사람을 더 너그럽게 받아들일 수 있었으며 하루하루 행복해졌다.

(카트린 치타의 '내가 혼자 여행하는 이유' 중에서)

20 일차 Montezuma Creek - Manzanita campground

숙소 캠핑장　거리 44km　누적 거리 1,665km

한번만 묻고 끝

며칠 전에 "차라리 혼자니까 속 편하죠?"라는 지인이 보낸 카톡 문자가 주행 중에 문득 생각났다. 혼자 다니는 게 좋은지 아니면 여럿이 다니는 게 좋은지는 잘 모르겠다. 양쪽 모두 일장일단이 있어서, 어느 쪽이 좋은지 꼭 집어 말하지 못하겠다. 단지 지금 나한테 불편한 게 있으면 그건 단독 여행의 단점일 테고, 반대로 편한 것은 동반 여행의 단점이 될 수 있겠다는 생각, 그 정도이다. 그럼 지금 내게 불편한 건 뭘까? 혼자서 사진 찍을 때, 뭔가를 해야 하는데 귀찮은 생각이 들어서 그만둘 때, 홀로 헤쳐 나가기 무섭고 두려울 때, 정해 놓은 원칙을 그때그때 마구 변경할 때, 모텔 숙박비가 부담될 때 등등.

그럼 혼자 다녀서 좋은 건 뭘까? 우선 뭘 결정할 때 동반자의 동의를 구하지 않아도 되는 것을 꼽을 수 있겠고, 개인적인 행동을 남 눈치 보지 않고 맘대로 할 수 있다는 점과 웜샤워나 카우치서핑 호스트들의 초대를 쉽게 받을 수 있지 않나 싶다. 결론은 역시 "잘 모르겠다."이다. 단지 마음 맞는 친구와 동반 여행한다면 그것보다 더 좋은 것도 없으리라.

미국 서부 지역은 습도가 낮고 건조하다. 입술과 손가락이 부르터서 갈라진 지 거의 보름이 넘었지만 아물 기미가 보이지 않는다. 입술에 음식이 닿을 때마다 따끔거리는데, 아물 만하면 음식 먹느라 입을 벌려서 도로 벌어지고, 도루묵이 되고 만다. 거기에 오른손 검지는 끈으로 패니어를 자전거에 꽉 묶을 때마다 마찰로 인해서 헐어서 피까지 나고 있다. 이래저래 주인을 잘못 만난 죄로 육신의 고생이 크다.

세도나로 향하는 애리조나 179번 도로는 자전거 레인을 별도로 설치해 놓아서, 세도나의 산세와 기를 느끼며 안전하게 주행할 수 있었다.

미국은 여가를 즐기는 인구가 많은 듯, 평일인데도 만자니타Manzanita 캠핑장은 예약이 꽉 찼다. 어제 이곳에 머물려고 했지만, 빈 사이트가 없어서 오늘 겨우 자리 배정을 받았다. 텐트를 쳤으니 당연히 고기를 구워 먹어야 하는 법. 미국에 와서 그동안 바비큐를 하지 못해서, 이 순간을 벼르고 별렀다. 화목firewood은 캠핑장에서 살 수 있지만 고기를 팔지 않았다. 고기를 사려면 경사가 제법 되는, 왔던 길로 3km를 가야 했다. 일 초의 망설임도 없이 바로 포기했다. 귀찮음을 이길 수 있을 만큼, 내게 고기가 절실하지 않다는 뜻일까? 총 6천 킬로미터 넘게 자전거를 타야 하지만, 단 1킬로미터에 목숨 거는 걸 보면 나 자신도 종종 이해되지 않는다.

내 텐트 옆에 멕시칸 가족이 둥지를 틀었다. 텐트 치는 것을 도와주면 뭔가 대가가 오지 않을까 하는 흑심이 들었다. 기분 좋게 그들의 집짓기를 도와주었다. 처음에는 뭐랄까 식사초대라도 할 것 같은 분위기가 살짝 있었지만, 막상 저녁이 되니 기대와 달리 별다른 기별이 없었다. 이 정도에서 음식 구걸을 포기할 내가 아니다. 잠자리에 들기에는 너무 이른 시간이라서 캠핑장 이곳저곳을 기웃거리며 다녔다. 바로 그 순간, 대한민국 현대자동차가 캠핑장에 들어왔다. 차 주인에게 한국차가 어떠냐고 수작을 걸었다. 그는 내 의도대로 친절하게 자동차 관련 전문용어를 써가며 대답해 주었다. 무슨 말인지 도통 알 수가 없었다. 차주 부부는 다행히 내 마음을 알고 있는지, 결론을 말하는데 많은 시간이 걸리지 않았다. "식사했느냐?" 사실은 한 시간 전에 이미 저녁을 먹었지만, 고기를 주면 더 먹을 용의가 있었다. 그렇지만 민 씨 양반 체면에 한 번에 오케이 할 수 없어서 은근슬쩍 흘리는 말로 괜찮다고 했더니, 아뿔싸! 더는 묻지 않는 것이다. 정이 많은 한국인은 최소 두어 차례 이상 물어보건만, 이들 부부는 딱 한 번 물어보고는 그걸로 끝이었다. 나의 치명적인 실수였다.

또다시 기회가 찾아왔다. 내 바로 옆 텐트 사이트를 예약한 주인이 나타났다. '닉'Nick(25세)과 '시에라' Sierra(22세)였다. 젊은 연인들의 텐트 치는 것을 도와주며 이런저런 이야기를 나누었다. 그들도 내 바람대로 저녁을 같이 먹자고 한다. 이번

한국 영화에 대해서 관심이 많은 '닉'Nick과 나이에 비해서 어른스럽고 재치 넘치는 '시에라'Sierra를 통해서 미국 젊은이의 고민과 사고방식을 조금은 이해할 수 있었다.

에는 밀당하지 않고 바로 좋다고 대답했다. 'Vegan', 그들은 우유도 거부하는 채식주의자였다. 연인들과 또띠아 피자 반죽에 풀만 올려놓고, 와인을 곁들여 여러 가지 대화를 나누었다. '닉'은 한국에 대해서 관심이 많았고, 놀랍게도 봉준호 영화감독도 알고 있었다. 처음에는 그런대로 들리던 그들의 영어가 차츰 들리지 않았다. 처음에는 쉬운 영어로 이야기하다가, 내가 알아듣는 것 같으니까 점점 어려운 영어를 구사하니, 더는 쫓아갈 수 없었다. 그들은 더 이야기를 나누고 싶어 했지만, 거기에 비례해서 안 들리는 영어를 듣느라고 나의 피곤은 가중되었다. 결국, 무거워지는 눈꺼풀을 못 이기고, 굿바이 하고 내 텐트로 돌아갔다. 쓸데없이 자존심만 강했던 내가 이렇게 넉살이 좋아질 줄을 나도 몰랐다.

24일차 Manzanita campground – Flagstaff

숙소 웜샤워 하우스 거리 42km 누적 거리 1,707km

여자가 더 솔직해

아침에 캠핑장을 출발하는데 어떤 여자가 열렬히 내게 손을 흔들었다. 그곳은 오르막인지라 양손으로 핸들을 잡고 있어서, 대신 고개를 끄덕여 주었다. 이 여인을 전망대에서 다시 만났다. 열심히 손을 흔들어 환호를 보냈던 자신을, 내가 알아보지 못하자 서운해했다. 그녀는 뭇 남성과 오토바이로 여행을 다니고 있었다. 거리에서도 미국의 여인들은 젊거나, 나이가 많거나 관계없이 나에게 화끈한 성원을 보내주는 데 비해서, 남자들은 알아듣지 못하는 괴성으로 대신했다.

고개 정상에서는 프레스캇Prescott에서 보았던 클래식한 자동차들이 줄

애리조나 89번 도로의 오크 크릭 전망대Oak Creek Vista는 한라산보다 높고 백두산보다 낮은 2,430m였다. 내 생애 최초로 2천 미터가 넘는 구불구불한 고갯길을 두 발로 자전거 페달을 밟으며 올랐다.

지어 내 옆을 지나갔다. 정차한 올드카에 다가가 물어보니, 자그마치 1963년도에 이 차를 샀다는 것이다. 차령車齡이 50살이 넘었다. 이 지역의 공기가 매우 건조해서 자동차가 쉽게 부식되지 않아 자동차를 오래 탈 수 있다고 한다.

플래그스태프Flagstaff에 도착해서 이메일 편지함을 열어보니 또 다른 웜샤워 멤버가 오늘 밤 자기 집으로 오라는 메시지를 보내왔다. 약속이 중복돼서 내일 가면 안 되는지 회신을 보냈는

출고된 지 50년이 넘은 올드카가 가파른 고갯길도 아무런 문제 없이 올랐다. 이 지역은 엄청나게 건조해서 자동차가 부식되지 않아 오래 탈 수 있다고 한다.

데 아직 답장이 없다. 오늘 저녁 7시부터 밤 10시까지, 웜샤워 호스트 집에 약 10~15명이 참석하는 포틀럭파티Potluck Party가 있다. 어떤 사람들이 올지 자못 기대된다. 이렇게 다가올 일에 대한 설레는 마음, 이것이 여행의 참맛이 아닐까 한다.

25일차 Flagstaff

숙소 웜샤워 하우스 거리 16km 누적 거리 1,723km

처음 경험한 Potluck Party !

어젯밤에 있었던 맥주 파티Potluck Party는 참으로 건전했다. 매주 화요일 밤, 비록 젊은 나이지만, 모기지 대출을 받아서 장만한 '제이콥'의 집에 10명 내외의 또래 친구들이 모여서, 각자 준비해 온 토스트, 채소, 과일 등의 음식을 먹으면서 세상 돌아가는 이야기하는 모임이었다. 그들은 더도 덜도 아닌, 본인이 딱 감당할 수 있는 양의 맥주만 마셨다. 이렇게 건설적인 청년들이 있으니, 미국의 앞날이 밝은 것일까? 젊은 사람답게 '제이콥'의 집안에 각종 익스트림 스포츠 장비가 많았다. 거실에 대여섯 개 해먹이 걸려있고, 방마다 등산 장비와 자일, 배낭 등이 널려 있었다.

'에머리'Emery는 호스트의 친구이자, 지역 신문사의 리포터이다. 내 미국 대륙 횡단 기사를 신문에 게재하려고 한다며, 히스토릭 루트Historic Route 66를 배경으로 내가 자전거 타는 모습을 여러 장 찍었다. 조만간 지역 신문에 나의 미국횡단 자전거 여행 기사가 나올 것 같다. 히스토릭 루트는 1926년에 건설된 미국 최초의 대륙횡단 고속도로로서, 미국의 마더 로드Mother Road로 불린다. 일리노이의 시카고에서 시작해서 미주리, 캔자

오른쪽이 호스트 '제이콥'이다. 익스트림 스포츠를 좋아하는 그의 집은 온통 관련 장비로 가득했다. 미국 청년들의 도전정신을 느낄 수 있었다.

스, 오클라호마, 텍사스, 뉴멕시코, 애리조나를 거쳐 캘리포니아 로스앤젤레스의 산타모니카 해변까지 8개 주 3,945km를 이어준다. 하지만 새로운 주간 고속도로 Interstate Hwy가 생겨나면서 퇴물 취급을 당하다가, 2003년에 히스토릭 루트Historic Route라는 이름으로 되살아났다.

젊은 호스트 집에서 이틀을 연달아 묵기가 조금 민망했는데, 다행히 새 호스트인 '멕베스'로부터 자기 집으로 와도 좋다는 메시지가 왔다. 하루 더 머물어도 좋다는 '제이콥'에게 양해를 구하고, '맥베스'의 집을 찾아 나섰다. 싸지 않아도 되는 짐을 다시 싸니 몸은 귀찮고 피곤했지만, 마음은 편했다. 새 호스트는 폴란드 태생으로 알래스카에서 자랐다. 소탈한 성격이라서 함께 허물없이 이야기를 나눌 수 있었다. 3년 전에 부인과 한국에서 3주, 일본에서 4주간 자전거 여행을 한 적이 있었다고 하니, 더 반가웠다.

애리조나 데일리선Daily Sun의 미국 최초의 대륙횡단 66번 고속도로에 대한 기사(2015. 4. 25)에 내 사진이 실렸다.

일본과 우리나라에 자전거 여행을 온 적이 있는 '맥베스'는 늘 여행을 꿈꾸며 살고 있었다. 2015년 말에는 부인과 동유럽을 자전거로 여행했다.

고심 끝에 이번 여행의 코스를 변경했다. 애초 그랜드 캐니언을 거쳐서 카메론, 튜바시티, 카엔타, 코테쯔로 가려던 계획을 바꾸어서, 40번 고속도로를 타고 갤럽Gallup으로 가려고 한다. 애초 루트에는 적당한 거리에 음식점과 모텔이 없어서 애로가 많을 듯싶었다. 이렇게 되면 영화 포레스트 검프Forrest Gump로 유명한 모뉴멘트 밸리Monument Valley를 포기해야 한다. 물론 새 루트에도 문제가 없는 것은 아니다. 갤럽에서 북쪽으로 가야 하는데, 여기도 중간에 아무것도 없기는 마찬가지다. 애리조나 사막지대를 통과하려면 아직 나흘 정도 남아 있으니, 그동안 사막 어디에 텐트를 칠지 더 고민해 봐야겠다. 오늘도 방바닥에 매트를 깔고 침낭 속에 몸을 맡기며 하루를 마감했다.

26일차 Flagstaff – Winslow

숙소 모텔 거리 91km 누적 거리 1,814km

놀랍도록 깨끗한 시야!

길에서 만나는 현지인들은 내가 하는 영어를 한 번에 이해하지 못하는 경우가 종종 있는데, 웜샤워 호스트들은 아무렇게 이야기해도 귀신같이 알아듣는다. 영어가 모국어가 아닌 사람들을 자주 경험해서 쌓은 노하우 때문인 듯하다. 호스트가 오늘의 날씨를 알려줬지만, 밖은 생각보다 많이 추웠다. 콧물이 줄줄 흐르는데도, 패니어에서 옷가지를 끄집어내기가 귀찮아서 참고 버텼다. 그래도 감기 걸리는 것은 무서운지라, 한 손으로 핸들을 잡고 다른 손으로는 핸들바백에서 얼굴을 감쌀 수 있는 버프buff를 꺼내서 머리에 둘렀다. 사람마다 다르고, 날씨에 따라 변하겠지만, 사람의 눈으로 볼 수 있는 가시거리는 얼마나 될까? 오늘 자전거 타면서 저 멀리 아스라이 보이는 언덕이 있어서, 그곳까지 거리가 얼마나 될까 궁금했다. 한참을 달려서 도착해 보니 35km였다. 고개를 돌려 뒤를 보았다. 오늘 주행을 시작한, 70km 떨어진 플래그스태프의 눈 덮인 산이 또렷하게 보였다. 미국의 공해 없는 하늘과 멀리 보이는 시계가 부럽다.

갓길에 타이어를 펑크 낼 수 있는 깨진 유리나 날카로운 쇠붙이가 있어

40번 주간고속도로Interstate Hwy의 물동량이 엄청났다. 화물 컨테이너 차량이 끊임없이 다녔다. 다행히 갓길이 넓었고, 법적으로 자전거 주행도 가능했다.

서 간혹 차도 쪽으로 붙어서 주행하기도 하는데, 오늘은 하마터면 아찔한 상황을 맞을 뻔했다. 대형 트레일러가 주행이 금지된, 갓길의 반을 넘어서 내 옆구리까지 왔다가, 도로 주행 차선으로 돌아갔다. 운전자가 졸지 않았나 싶었다. 그때 마침, 갓길의 끄트머리로 달리고 있어서 천만다행이었지, 만약 차선에 붙어서 갔더라면 큰일 날 뻔했다.

27일차 Winslow – Holbrook

숙소 모텔 | 거리 56km | 누적 거리 1,870km

나이 들면 두려운 게 많다?

끝없이 펼쳐진 지평선 위로 하늘에서 '구름 내림' 현상이 일어나고, 우박을 동반한 차가운 비가 쏟아지니 갑자기 두려워졌다. 으슬으슬 추운 날씨인 데다가 비까지 맞으니 온갖 잡념이 들었다. 폭우를 대비해서 준비했던 우비를 꺼내 입고, 스마트폰과 배터리 등 전자 장비는 비닐봉지로 감쌌다.

RV(Recreational Vehicle) 캠핑카에 소형 승용차와 자전거를 매달고 다니는 사람이 적지 않았다. 대형 캠핑카는 연비가 낮아서 도시 내의 짧은 거리를 이동할 때는 소형차를 타고 다녔다.

자전거 여행자마다 대략 50가지가 넘는 물품을 가지고 다닌다. 그러다 보니 찾으려고 하는 물건이 어느 가방에 들어 있는지 알아야 헤매지 않는다. 나는 앞바퀴 왼쪽 패니어에 노트북과 충전기 등 전자 장비를 넣고, 오른쪽에 라면 등의 비상식량과 그때그때 산 먹을거리를 담는다. 뒤 패니어 오른쪽에는 옷가지와 무게가 나가는 물건을 수납하고, 왼쪽에 부피가 있는 딱딱한 것들을 가지고 다닌다. 텐트와 침낭 등은 뒷바퀴 상단에 올려놓고 끈으로 묶는다. 스마트폰이나 선크림, 사탕 같은 간식은 주행 중에도 꺼내기 쉬운 핸들바 가방에 보관한다.

미국 중서부 지역의 마을들은 서부 개척 시대에 마차로 하루에 갈 수 있는 거리인 40마일만큼 떨어져 동네가 형성되었다고 한다. 물론 자동차가 대중화되면서 이 간격이 맞지 않게 되었지만, 오늘은 그랬다. 하루에 130km 가기는 조금 무리일 것 같아서 60여 킬로미터 떨어진 홀부르크에 멈춰섰다. 이곳에만 모텔이 있으니 다른 선택의 여지가 없었다.

28일차 Holbrook – Chambers

숙소 모텔 거리 70km 누적 거리 1,940km

우어..ㄹ..마트?

체력소모가 많은 자전거 여행자 식단은 흡수 즉시 에너지원인 포도당으로 바뀌는 탄수화물과 근육을 유지시켜 주는 단백질 그리고 지방으로 균형이 적절히 맞아야 한다. 하지만 그렇게 이상적인 음식 섭취하기가 쉽지 않다. 모텔에서 주는 탄수화물 위주의 간편식으로 아침 식사를 할 때와 동물성 단백질을 조금이라도 먹을 때는, 포만감과 체력에서 느껴지는 게 많이 다르다. 오늘은 점심때가 되어도 시장기가 느껴지지 않을 정도로 뱃속이 든든했다. 요즘 묵는 모텔에 거의 전자레인지가 있어서 저녁에 포식하고 싶을 때는 동네 마트를 찾아간다. 특히 월마트에 쇼핑가면 먹고 싶은 음식이 널려 있어서 쳐다보기만 해도 행복하다. 그런데 월마트가 어디 있는지 물어볼 때 내가 발음하는 'walmart'를 미국인들이 알아듣지 못한다. 'wal' 발음에 문제가 있는지, 여러 번 반복하고 철자를 말해야 그제서 "와우! 우어..ㄹ..마트?"하며 알려준다.

미국 사람들의 여행 패턴을 한 달간의 경험을 바탕으로 분류해 보았다. 첫 번째 부류는 캠핑카 (Recreational Vehicle)를 타고 여행하는 사람들이다. 10년 전에 미국 여행할 때 인솔 가이드는 캠핑카 여행은 대부분 은퇴한 노인 부부가 한다고 했는데, 그사이에 변화가 있었는지 시니어보다 어린아이를 동반한 젊은 부부들이 훨씬 많았다. 그들은 미국 전역에 흩어져있는 캠핑카 야영장(RV Park 또는 RV Resort)에서 여러 날 묵으면서 휴식을 취한다. 두 번째 부류는 승용차를 이용해서 여행 다니며, 숙박은 모텔을 이용하는 사람들이다. 모텔에 들어가 보면 그런 사람들이 많다. 셋째는 자동차에 텐트를 가지고 다니면서, 텐트 사이트tent site를 찾아다니는 사람들이다. 물론 젊은 사람들이 대부분일 텐데, 이런 사람들은 KOA(Kampground of America)를 제외한 많은 캠핑장RV Park에 텐트 칠 수 없는 불편을 감수해야 한다. 그 외 오토바이와 나 같은 자전거 여행자를 들 수 있겠다.

어제 오후처럼 뒤에서 강한 바람이 불고 있다. 지금까지의 경험으로 볼 때 태평양 연안에서는 북풍과 서풍이 번갈아 불었고, 점차 내륙으로 들어오니 남풍과 서풍이 나를 밀어주고 있다. 이렇게 하늘까지 나를 도와주고 있다고 생각하니, 뭐든 해낼 수 있을 것 같은 자신감이 든다. 이곳은 서부지역이니까 서풍이 부는 게 당연한가? 중부로 들어가면 중구난방으로 바람이 분다는데, 그게 맞바람일지 아니면 뒷바람일지는 순전히 복불복이 아닐까 싶다. 오늘도 오후 1시경에 숙소에 도착했다. 모텔에 도착하면 먼저 문부터 잠근다. 보안이나 안전사고를 우려해서이다. 이렇게 외부와 차단이 되면, 오로지 혼자만의 세계에 빠지게 된다. 대화를 나눌 아무도 없다. 심한 고립감에 사로잡힌다. 방안은 TV에서 흘러나오는 무슨 말인지 잘 알아듣지 못하는 소리로 가득 차고, 번쩍이는 TV 화면만 나의 친구가 될 뿐이다. 사람이 참으로 그립다.

PART 3

뉴멕시코

New Mexico

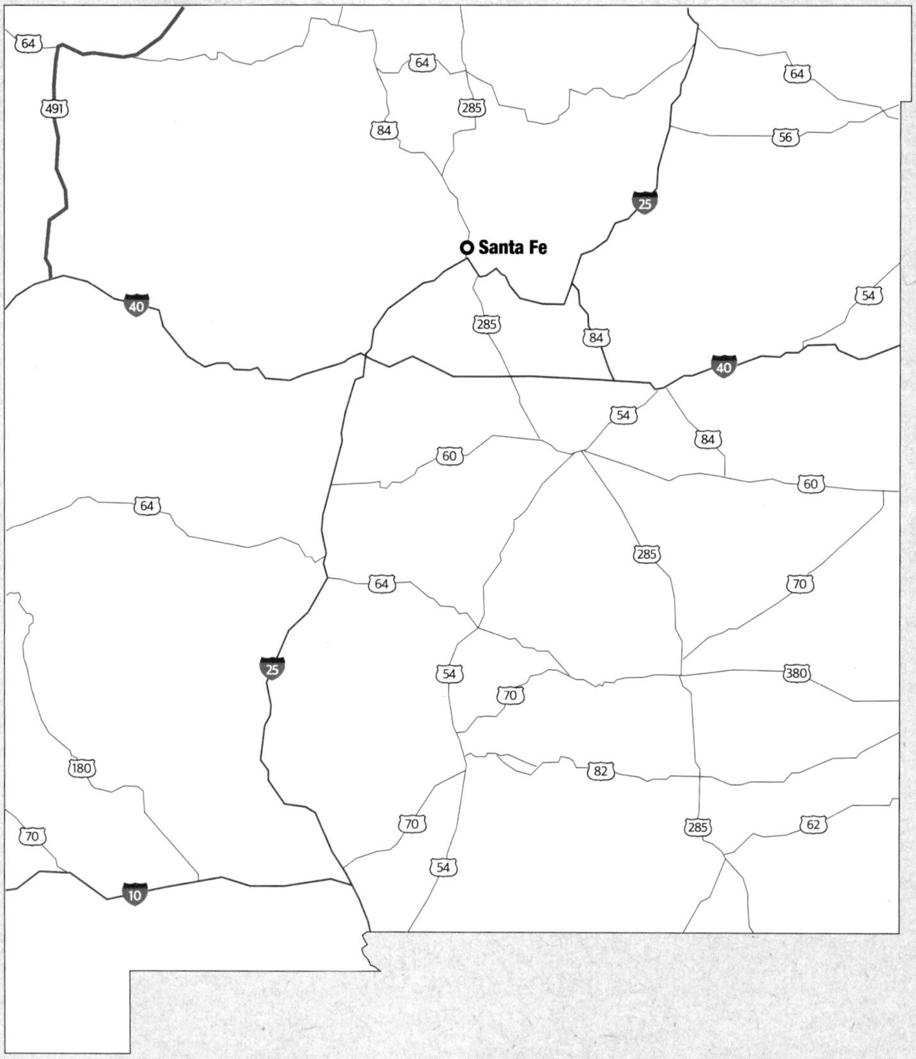

Santa Fe
64
491
64
285
84
64
56
25
54
285
84
40
40
54
84
60
60
64
285
64
70
25
54
380
70
180
82
70
285
62
70
54
10

이동 경로

29일차 Chambers – Gallup

숙소 모텔 거리 58km 누적 거리 1,998km

'납작해진 타이어' 다시 시련은 찾아오고

자전거 통행이 가능한 하이웨이지만, 위험하다고 판단해서인지 구글맵은 나를 40번 고속도로 옆의 시골길로 안내했다. 고속도로의 갓길은 넓지만, 빗길이라서 위험할 수 있어 구글지도의 지시에 따랐다. 다니는 차들이 거의 없어서 편안한 마음으로 빗속의 시골길을 달렸다. 그런데 어느 순간, 뒷바퀴에서 전해지는 떨림이 이전과 같지 않았다. 불길한 진동이 느껴졌다. "혹시?" 애써 아닐 거라고 부정했다. 이런 악천후에 펑크라도 나면 지옥이기 때문이다. 애써 무시하고 계속 페달을 밟았지만, 이내 냉정해져야 했다. 호미로 막을 걸 가래로도 막지 못하는, 뒷바퀴 림Rim에 복구 불능의 손상을 줄 수 있기 때문이다. 자전거를 멈추고 고개를 돌려서 뒷바퀴를 살펴보았다. 납작해진 타이어가 도로에 주저앉아 있었다. 우려했던 상황이 정말 현실이 되었다. 주변은 온통 진흙 황무지라서 어디에도 비를 피할 곳이 없었다. 폭우를 맞으며 계속 자전거를 탔더니 온몸이 부들부들 떨렸다. 우선 폭우와 추위를 피할 곳을 찾아야 했다. 온몸으로 비를 맞으며 자전거를 끌고 걸었다. 그러나 아무리 걸어도 허허벌판 어디에도 잠시 비를 피할 공간이 보이지 않았다. 어떻게 이 상황을 헤쳐 나아가야 할지 암담했다. 머릿속은 온갖 부정적인 생각으로 가득 차고, 빗물에 절망의 눈물이 섞여서 흐르기 시작했다.

저 멀리 오른편에 주택이 보였다. 도로에서 마을로 들어가는 진입로는 내리는 비로 인해서 진흙탕이었다. 자전거가 진흙에 푹푹 빠졌고, 덩달아 클릿Cleat 신발도 진흙 속에 잠겨서 발을 빼기조차 힘들었다. 이렇게 기진

미국에서 두 번째 타이어 펑크가 났다. 뉴멕시코 118번 지방도로에서 쏟아붓는 폭우를 뚫고 찾아간 '토머스'의 집에서 펑크를 때울 수 있었다.

맥진, 진흙투성이가 돼서 인가에 도착했다. 하지만 나의 간절한 바람과는 달리, 사람은 보이지 않고 열 마리도 넘는 개들만 나에게 덤벼들 듯 시끄럽게 짖어 댔다. 무진 고생하며 여기까지 왔는데 사람이 없다니 … 맥이 풀렸다. 나락으로 떨어지는 참담한 기분이었다. 쏟아지는 폭우 속에서, 천지사방이 진흙인 곳에서, 어떻게 펑크 수리를 해야 할지 도저히 엄두가 나지 않았다. 목적지가 그리 멀지 않으니, 얼른 펑크를 때우고 이 지옥 같은 곳을 탈출해야 하는데, 모든 걸 내려놓았다. 하늘의 뜻에 내 운명을 맡기고 그 집을 떠나려는 순간, 기적이 일어났다. 폐가인 줄 알았던 집 안에서 기척이 나며 쪽문이 열렸다. 구세주 '토머스'가 나왔다.

자전거에 매달려 있는 짐을 떼어내고 마룻바닥에 올려놓았다. 자전거를 뒤집어서 펑크 난 뒷바퀴를 분리하고 새 튜브로 갈아 끼웠다. '토마스'의 부인은 집 안으로 들어와서 따뜻한 커피 한잔하며 몸을 녹이라고 나를 맞아 주었다. 그리고는 갤럽 시내까지 트럭으로 태워 주겠단다. 절체절명의 순간인데 트럭 이동을 마다할 이유는 없었다. 오늘 밤 묵기로 예정한 윔샤워 여자 호스트 집에 가기가 고민되었다. 내 몸과 자전거의 상태가 너무 엉망이라서 그녀에게 양해를 구하는 메시지를 보내고 '토머스'의 트럭을 타고 인근의 모텔로 직행했다. 춥고 길었던 악몽의 하루가 끝났다. 내일은 오늘 같지 않은, 새날이 왔으면 좋겠다.

오늘 사건이 나에게 무엇을 남겼을까? 지금까지 한 달 정도 미국을 여행하면서, 두세 차례 중도 포기를 생각했다. 사막에서 폐쇄 공포증이 찾아왔을 때, 야넬 Yarnell 직전에 있는 위버산맥 WeaverMountains을 오를 때 그리고 오늘. 이런 절체절명의 위기가 온실 속에서 60년을 살아온 얌전한 전직 은행원을 역경에 굴하지 않는 여행 투사로 변신시키고 있다고 믿는다. 이제는 어떤 상황이 벌어져도 헤쳐 나아갈 자신이 생겼다.

30일차 Gallup – Newcomb

숙소 두랑고 미국인 가정집 **거리** 98km **누적 거리** 2,096km

뜻밖의 인연

자전거 여행은 눈으로 보는 것 이상으로, 마음으로 느끼는 여행이 아닐까 한다. 아침에 출발하면서 안장에 오르면, 오후에 목적지에 도착할 때까지 많은 것을 머리에 떠올리며 철저히 혼자만의 세계에 몰입한다. 오늘도 지나온 60년을 반추하면서, 여러 가지 상념을 떠올렸다가 지우기를 여러 차례 반복했다. 목적지인 뉴컴Newcomb에 도착했다. 아직 야외에서 텐트 치는 것에 익숙하지 않아서 정규 캠프장이 아닌 곳에 짐 푸는 게 많이 망설여졌다. 혹시나 교회에 묵을 수 있을까 싶어서 찾아갔지만, 문이 굳게 잠겨 있었다. 주변의 다른 건물에도 가 보았지만 역시 아무도 없었다. 작은 마을이라서 집이 몇 채 없었다. 그렇다면 야외에 텐트 치는 거 말고는 다른 방법이 없다. 불쑥 길옆의 민가로 들어갔다. 집 마당에 텐트를 칠 수 있게 해달라고 간청했지만, 미안하다는 이야기만 들었다. 난감한 상황이 되었다. 그래도 마지막 보루인 야구장이 남아 있어서, 아직 희망의 끈을 놓지 않았다. 야구장 더그아웃은 하룻밤 지내기가 과히 나쁘지 않다는 후기를 본 적이 있기 때문이다. 야구장에는 학생들이 언제 끝날지 모르는 야구시

합을 하고 있었다. 벌써 몇몇 학생들은 이상한 복장을 한 나를 호기심 어린 눈길로 지켜보고 있었다.

정면 돌파가 필요했다. 뉴컴고등학교 Newcomb high school에 들어갔다. 사무실 직원에게 작은 선물과 명함을 주면서 사정을 이야기했다. 그녀는 학교 울타리 안은 자기의 권한 밖이라서 어렵지만, 자신의 집 마당에 텐트를 치면 어떠냐고 역으로 제안했다. 얼씨구, 좋다고 그녀의 자동차를 함께 타고, 학교에서 지척인 그녀의 집에 갔다. 하지만 여자의 마음은 갈대라고, 이동하는 그 짧은 순간에 그녀의 마음은 변해 있었다. 아무리 생각해도 자신의 교장이 마음에 걸린다는 것이다. 그녀의 집도 학교 울타리 안의 관사인데, 누구인지 모르는 외부인에게 학교장의 허락 없이 텐트를 치라고 마당을 내주는 것에 적지 않은 불편함을 느끼고 있었다. 자신이 먼저 텐트를 쳐도 좋다고 해서 이곳에 와서 짐까지 내렸는데, 난감하기 그지없었다. 내가 누구인지 아무리 설명해도, 한번 돌아선 그녀의 마음을 돌이키기에는 역부족이었다. 많은 부담을 느끼는 사람에게 더는 부탁할 수가 없어서, 풀었던 짐을 다시 쌀 수밖에 없었다.

하치하이킹으로 인연을 맺은 '팀'은 내가 한국으로 출국할 때까지 내 안부를 묻는 메시지를 보낼 정도로 다정다감했다.

길가에서 지나가는 차를 얻어 타려고 엄지손가락을 들어 보인 지 채 5분도 지나지 않아서, '팀'Tim의 밴이 유턴하며 내 앞에 섰다. 그의 차에 올라서 쉽록Shiprock

으로 갔다. 뉴멕시코의 황량한 사막 위에 마치 모뉴먼트 밸리Monument Valley를 연상시키는, '배를 닮은 바위 봉우리'라는 이름의 바위산이 장관이었다. 하지만 그런 장엄한 풍경도 눈에 들어오지 않았다. 오늘 밤은 어디서 자야 하는지가 중요했다. 우려한 대로 쉽록은 작은 동네라서 숙박시설이 없었다. 어떻게 해야 할지 고민하는 중에 '팀'이 자기 집에 가자고 제안했다. 그의 집은 모레 묵게 될 두랑고 Durango에 있었다. 이틀을 건너뛰자니 부담스러웠다. 하지만 '팀'이 다시 한 번 자기 집으로 가자고 제안하니, 더는 그의 배려를 거절할 수 없었다. 목적지인 대서양까지 자전거로 가는 것도 중요하지만, '팀'과 같이 있는 지금 이 순간도 내 여행의 중요한 일부라는 생각이 들었다. 최종 결정은 내일 아침에 하려고 미뤘다. 어쨌든 오늘 오후에 벌어진 돌발적인 상황에 어리둥절할 수밖에 없었다.

PART 4

콜로라도

Colorado

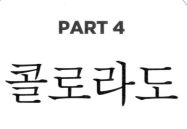

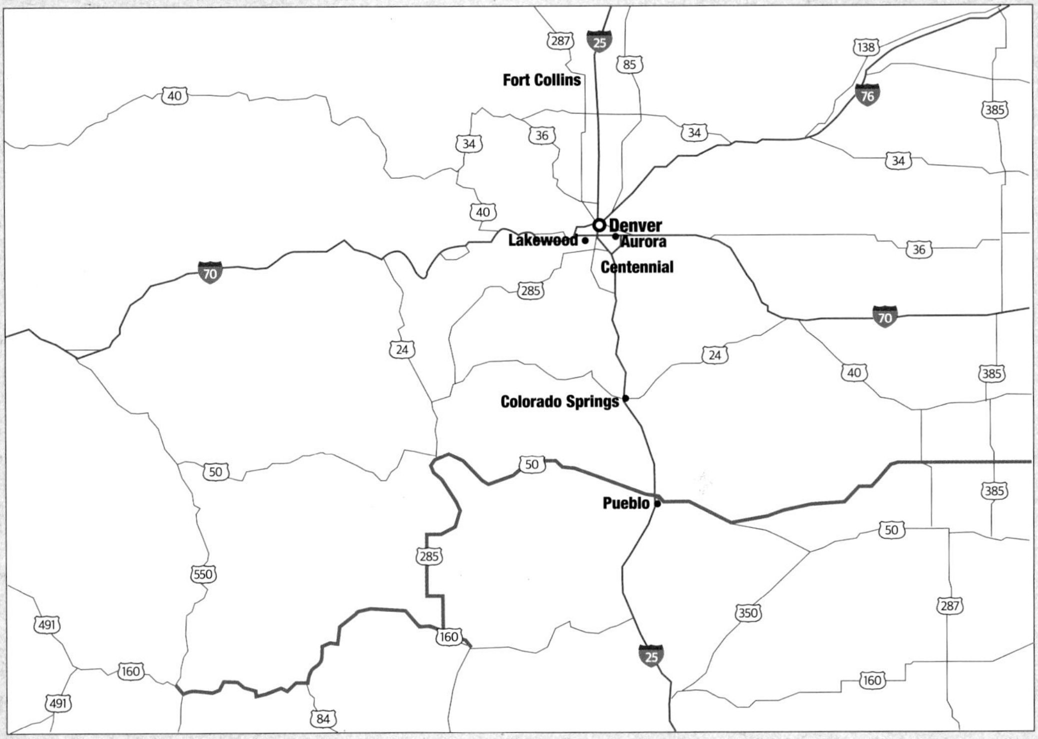
287
25
85
138
Fort Collins
40
76
385
34
36
34
34
40
Denver
Lakewood
Aurora
36
70
Centennial
285
70
24
24
40
385
Colorado Springs
50
50
385
Pueblo
50
285
550
350
287
491
160
25
160
160
491
84

━━ 이동 경로

31 일차	Durango
	숙소 미국인 가정집 거리 32km 누적 거리 2,128km

나이는 어리지만…

계절은 봄의 한가운데를 지나고 있는데, 멀리 보이는 산봉우리에는 지난 겨울의 흰 눈이 아직 남아 있었다. 해발고도가 6,512피트(1,984m)인 두랑고 교외의 푸른 초원 위에 그의 집이 있었다. 도시민들의 로망인 바로 그 '전원주택'이었다. 한밤중이 되니 잠을 설칠 정도는 아니었지만, 고산지대라서 찬 기운이 느껴졌다. 주방 인테리어 사업을 하는 '팀'이 출근하고, 집에서 혼자 휴식을 취하다가 점심때 시내의 자전거 가게를 찾아갔다. 그저께 펑크를 때운 후에 뒷바퀴의 울렁거림이 있었기 때문이다. 그곳에서 우연히 동료를 배려하는 젊은 수리공을 보았다. 그가 내 자전거를 수리하는 동안에, 예비튜브를 사려고 판매담당 여직원에게 주문했다. 그녀는 벽에 걸려있던 튜브를 꺼내서 수리공한테 내 자전거와 사이즈가 맞는지 물어보았다. 그는 조용히 고개를 끄덕여 주었다. 내가 보기에는 분명히 내 자전거와 사이즈가 맞지 않을 것 같은데, 전문가가 맞는다고 하니 가만히 있을 수밖에 없었다. 자전거 수리를 마친 미케닉은 슬그머니 다른 사이즈의 튜브를 가져왔다. 비록 나이는 어렸지만, 동료 여직원을 배려하는 모습은 성숙한 어른을 보는 것 같아서 흐뭇했다.

림이 뒤틀려서 울렁거리던 뒷바퀴를 말끔히 수리한 미케닉은 동료 여직원을 배려하는 보기 좋은 모습도 보여 주었다.

뒷바퀴의 울렁거림은 자전거에 장착한 패니어의 흔들림 때문이라고 했다. 짐 가방이 수시로 출렁거리며 흔들리니 스포크의 장력이 조금씩 풀렸고, 덩달아 림이 뒤틀어졌다고 한다. 나는 튜브가 타이어 비드 bead에 껴서 그런 줄 알았는데, 내가 생각했던 것과 다른 이야기를 하니 솔직히 미덥지 않았다. 하지만 테스트 주행을 해 보니 그의 말처럼 정상으로 돌아와 있었다. 외출했다가 '팀'의 집으로 돌아오니, 거실 바닥이 난장판이었다. '팀'의 애견 '지기'가 용케도 비상식량이 들어 있는 내 패니어만 집중적으로 공격해서, 간식을 먹어 치웠다. 이 바람에 집 안 구석구석을 청소하고 정리정돈해야 했다.

32일차 Durango

숙소 웜샤워 하우스 | 거리 29km | 누적 거리 2,157km

세대의 벽을 뛰어 넘는 문화!

두랑고 시내의 '팀'의 집에서 웜샤워 호스트 '피터'의 집으로 거처를 옮겼다. 오래된 3층 목조 주택이 그의 숙소 겸 작업장이다. 1층에서 직원들이 수작업으로 카누를 제작 중이었다. 겨우 3층이지만 계단 오르는 게 엄청 힘들었다. 피곤이 켜켜이 쌓여있는 듯했다. 그의 3층 설계실에서 '피터'와 첫인사를 나누었다. 그를 만나자마자 파고사 스프링스Pagosa Springs의 택시 회사인 '광야 여정Wilderness Journeys'에 전화해 달라고 부탁했다. 짐 없이 자전거만 타고 로키산맥을 넘으면 쉬울 것 같아서, 그동안 로키산맥 너머로 패니어를 운반해 줄 업체를 찾기 위해서 자전거 가게, 택배회사 등 백방으로 알아봤다. 하지만 성과가 없어서 전전긍긍했는데, '피터'의 도움은 결정적이었다. 그가 내 상황을 자세히 설명한 덕분에, 택시회사에서 운반해 주겠다는 약속을 했다. 몹시 어려운 문제를 쉽게 풀고는 어깨를 으

나이와 성별을 초월해서 하나가 되는 포틀럭 파티Potluck Party는 나에게는 놀라운 문화충격이었다.

쓱거렸다. 누구든지 곤란한 처지에 빠진 사람을 도와주었을 때 보람 내지 뿌듯함을 느끼듯이, '피터'가 바로 그런 기분이었을 것이다.

어려운 문제를 해결하고, 시티 마켓City Market에 가서 그동안 먹고 싶었던 스테이크와 '피터'가 부탁한 타코taco에 들어가는 토마토를 사 왔다. 잠시의 시간이 흐르고, 그의 집에 사람들이 하나둘씩 모여들기 시작했다. 저녁 무렵까지 나이를 초월해서 대략 20명이 그의 집을 가득 채웠다. 무슨 일인가 싶어서 물어보니, 매주 수요일 저녁에 이웃들과 모임이 있다는 것이다. 독립해 사는 그의 아들도 참석했다. '피터'가 타코에 들어갈 토마토를 사 오라고 한 이유를 이제야 이해할 수 있었다. 부산하게 음식상이 차려지고, 내가 먹고 싶어서 사 왔던 쇠고기는 20명의 입으로 골고루 들어갔다.

바이올린과 첼로 그리고 기타가 만들어내는 앙상블은 음유시인 '토마스'의 읊조리는 노랫말과 하나가 되어, 내 가슴에 진한 감동과 여운을 남겼다.

이곳저곳에서 연령을 초월한 대화의 장이 만들어졌다. 문화 충격이었다. 포틀럭 파티Potluck Party를 통해서 나이 든 사람도 너무나 자연스럽게 젊은 친구들과 어울렸다. 어떻게 저렇게 세대 간의 벽을 뛰어넘어 소통할 수 있는지, 장유유서의 유교적 도덕 사상으로 똘똘 뭉친 내게는 놀라운 광경이었다. 20대 초반의 '그레이스'는 두랑고 심포니 오케스트라의 바이올린 주자였고, 70대의 음유시인인 '토마스'는 우쿨렐레를, 나와 동갑인 '피터'는 첼로를 연주했다. 활활 타오르는 모닥불 앞에서 감미롭고 환상적인 멜로디를 듣노라니, 이들의 절제된 진솔한 삶이 느껴졌고, 이들의 문화를 조금이나마 이해하게 되었다. 덕분에 이국에서의 외로움을 잠시 잊을 수 있었다. 밤 아홉 시가 넘어가니 전신에 술기운이 돌고, 더는 자리를 함께할 수 없는 만큼 피곤이 몰려왔다. 슬그머니 야외 콘서트 장소에서 빠져나와 '피터'의 아들 방이었던, 오늘은 내 잠자리인 침실로 찾아갔다.

33일차 Durango - Piedra river

숙소 리조트 | 거리 61km | 누적 거리 2,218km

훌륭한 법, 그러나?

미국 횡단 33일차 출발 준비를 마치고 집 안에 있던 세 명과 식탁에 둘

멀리 흰 눈을 뒤집어쓴 로키산맥이 시야에 들어왔다. 과연 로키산맥이 사우스포크South Fork로 가는 길을 열어줄지 가슴이 두근거렸다. 아니 솔직히 두려웠다.

러앉아, '팀'의 조경사업과 내 여행 에피소드를 나누면서 아침 식사를 마쳤다. 자전거 여행자는 많이 먹어야 한다며 남은 음식 전부를 나한테 주었다. 그를 위해서 내가 할 수 있는 오직 한 가지, 설거지가 있었다. 오늘 라이딩할 구간을 구글지도로 살펴보니, 두 가지 코스가 있었다. '피터'만큼이 도시의 도로 상태를 잘 아는 사람이 없을 듯해서, 각 루트에 대한 장단점을 물어보았다. 지도의 북쪽 도로는 less traffic과 more mountains, 남쪽은 more traffic과 less mountains, narrow shoulder란다. 나는 망설이지 않고 고개가 적은 남쪽 160번 도로를 택했다. 그 결과, 좁은 갓길에 꼬리에 꼬리를 물고 뒤에서 다가오는 차량에 온 정신을 집중해야만 했다. 콜로라도에는 '쓰리 피트 규칙'3-Feet Rule이 있다고 '피터'가 알려 주었다. 중앙 차선이 주황색 실선 두 개인 구간에서는 갓길의 자전거로부터 3피트

(91cm) 이상을 떨어져서 자동차를 운전해야 한다는 규정이다. 하지만 법을 어기면서까지, 아니면 그런 법이 있는지 모르는 듯 자신의 차로를 조금도 양보하지 않고 내 자전거로부터 10cm 정도 떨어져서 획획 지나가는 운전자들도 적지 않았다.

'피터'의 집에서 대략 10여 킬로 지점에 '팀'의 사무실이 있었다. 어제 아침에 그와 작별 인사를 했기 때문에, 다시 사무실로 찾아가는 것은 그만두었다. 나의 심적 허약함을 보여주는 것 같아서였다. 창문 안쪽으로 그가 업무를 보고 있는 모습이 보였다. 꽤 먼 거리였지만 자전거를 타고 가면서 그의 이름을 불렀다. 처음에는 미동도 없었지만, 손을 흔들며 재차 크게 부르니 알아듣고 사무실 밖으로 나왔다. 꼭 형제와 이별하는 듯 아쉬웠다.

나와 통화했던 리조트의 체크인 업무를 담당하는 여인은 인근의 파고사 스프링스에 생수를 사러 나갔고, 아무런 권한을 부여받지 못한 할아버지는 조금만 기다리면 담당자가 온다는 이야기를 반복했다. 얼마의 시간이 흐르고, 그녀가 돌아왔다. 며칠 전에 전화로 예약할 때 수화기 너머로 들렸던 아주 젊고 예뻤던 목소리의 주인공은 놀랍게도 허리를 온전히 펴지 못하는 할머니였다. 요즘은 비시즌이라서 할인 요금을 적용하겠다고 했지만, 이 리조트의 숙박요금은 미국체류 기간 내내 기록경신이 불가능할 정도로 비쌌다. 구글지도는 인근에 팜스 마켓Farms market이 있다고 안내했다. 싸고 푸짐한 산지의 육류와 채소를 포식할 수 있겠다는 기대를 하고 있었는데, 팜스 마켓은 잡초만 무성할 뿐, 폐점한 상태였다. 리조트 내에도 식당이 없어서 비상식량인 라면으로 두 끼를 해결해야 하는 불운한 상황이었다.

34일차 Piedra River - Pagosa Springs

숙소 윔사워 하우스 거리 37km 누적 거리 2,255km

기발한 아이디어

외부와 차단된 깊고 고요한 계곡에서 세상의 분진을 털어 버리고, 시원한 계곡의 물소리와 새소리를 벗 삼아 자연을 즐기고 싶었다. 비록 하룻밤이라도 그렇게 하고 싶었다. 하지만 익숙한 것을 멀리하는 게 어려웠는지, 저녁 내내 노트북에 저장해 놓은 영화를 시청하다 잠이 들었다. 세상일에 흔들리지 않는다는 나이는 벌써 20년 전에 지났고, 하늘의 뜻을 아는 나이는 10년 전에 지나서, 이제는 인생에 경륜이 쌓이고 사려 깊고 판단이 성숙할 이순의 나이임에도, 하는 일이 없이 혼자 밤을 지내기가 힘들었다.

평소보다 이른, 아침 여덟 시에 리조트를 빠져나와 다시 인간 세상으로 돌아왔다. 오늘은 덩치 큰 엘크 두 마리의 사체를 보았다. 도로를 건너다 비명횡사한 무수히 많은 동물을 볼 때마다 미국의 운전자, 특히 고지식하고 융통성 없는 트레일러 운전자들이 떠올라 가슴이 콩알만 해진다. 비좁은 도로를 그들과 공유하며 달리다 보면 아무리 방어적 주행을 한다고 하더라도, 내 목숨을 하늘의 뜻에 맡겨야 하는 피동적인 상황이 된다. 파고사 스프링스에 가까워지면서 로키산맥의 모습이 시야에 들어왔다. 뭐라고 말로 표현할 수 없는 장엄한 산세에 두려우면서도 경건한 마음이 절로 들었다. 내일은 나의 자전거 역사에 클라이맥스가 될 것이다. 로키의 산신령에게 사우스 포크South Fork 가는 길을 잠시만 내어 달라고 겸손하게 청하고 싶다.

파고사 스프링스에 도착하자마자 택시 회사인 '광야 여정Wilderness Journeys'을 찾아갔다. 그런데 아무리 둘러봐도 사무실이 보이지 않았다.

피논 레이크 저수지Pinon Lake Reservoir 근처에 '대니얼'의 집이 있다. 오른쪽 하늘의 시커먼 구름이 내일 날씨가 예사롭지 않을 거라는 것을 예고하는 듯하다.

한시라도 빨리 택시기사를 만나서 내일 만날 장소와 시간을 상의해야 하는데, 미국 3대 통신사인 티모바일T-Mobile마저 파고사 스프링스에서 불통이었다. 이 도시가 결코 작지 않은데, 전혀 예상치 못한 문제가 발생했다. 주변에 호텔 정원사가 화단에 물을 뿌리고 있었다. 급한 마음에 그에게 핸드폰을 빌려서 택시 회사에 전화를 걸었다. 며칠 전에 통화했던 웨인Wayne과는 연락이 안 되고, 다른 택시 기사와 이야기를 나눴다. 하지만 그는 나와 통화한 당사자가 아니라고 내 부탁을 들어주는데 인색했다. 그를 설득하려면, 전달하고자 하는 뜻을 정확히 표현해야 하는데, 부족한 내 영어 실력으로 쉽지 않았다. 서로 같은 말만 반복하고 있었다. 안 되겠다 싶어서 옆에 있던 호텔 정원사에게 그를 설득해 달라고 부탁했다. 정원사의 상세한 설명 덕분에 겨우 실마리를 찾을 수 있었다. 비용 절감 차원에서 로키산맥의 정상인 울프크릭 패스Wolf Creek Pass까지만 패니어를 운반하려고 했는데, 겨울철 말고는 로키산맥의 정상에 아무도 없다고 한다. 하는 수 없이 로키산맥 너머의 사우스포크South Fork모텔까지 배달하는 것으로 합의를 보았다. 쉽게 풀릴 줄 알았던 문제가 갑자기 복잡하게 진행돼서 순간 당황했지만, 꼬인 매듭을 풀다 보면 풀리지 않는 난제가 없다는 진리를 새삼 깨달았다.

온천으로 유명한 파고사 스프링스Pagosa Springs에서 온천욕을 하지 못한 것이 아쉽다. 전직 수질관리원이었던 남편 '머린'은 요리하는 것을 좋아했다.

때마침 시내에 장 보러 나온 호스트 '대니얼'을 만나서 집 약도를 받았다. 그녀는 자신이 12간지 중에서 개띠(1958년생)라는 것을 알고 있었다. 난생처음 본 나를 오랜 친구처럼 대해 주니, 로키산맥 업힐을 앞두고 긴장되었던 마음에 다소 여유를 찾을 수 있었다. 저녁 메뉴는 남편 '머린'이 요리한 멕시코 음식 카르네 아도바다Carne Adobada (멕시코식 양념에 절인 고기)이었다. 이처럼 지금까지 웜샤워 호스트들의 배려에 감사를 넘어서 깊은 감동을 한 적이 한두 번이 아니었다.

35 일차 **Pagosa Springs - South Fork**

숙소 모텔 **거리** 78km **누적 거리** 2,333km

로키 정상에 오르다!

피논 레이크 저수지Pinon Lake Reservoir주변의 울창한 숲속에 위치한 ‘대니얼’의 집은 전형적인 미국 중산층 주택이었다. 집안 곳곳에 액세서리를 배치해서 아기자기하게 꾸며 놓았고, 전체적으로는 깔끔한 분위기를 연출했다. 음식 요리는 남편 ‘머린’의 몫이었다. 엊저녁도 맛있었는데, 오늘 아침은 미국 서부 지역 사람들이 즐겨 먹는 멕시코 또티아tortilla(옥수수 가루나 밀가루로 만든 발효 시키지 않은 원형 빵. 고기나 치즈 등을 넣어서 먹음) 위에 달걀 스크램블을 얹은 별미를 만들어 주었다. 하지만 생각만 해도 두렵고, 흥분되는 로키산맥 등정을 앞두고 음식이 코로 들어가는지, 입으로 들어가는지 몰랐다. 서둘러 식사를 마치고 택시기사 ‘존’과 만나기로 약속한 장소로 나가서, 그에게 뒷패니어 두 개, 앞패니어 한 개, 랙백을 건네주었다.

‘대니얼’ 부부와는 보물 폭포Treasure Falls 부근까지 25km를 동반 라이딩하기로 했다. 일주일에 서너 번 산악자전거를 탄다는 호스트 부부는, 내가 생각한 것보다 훨씬 자전거를 잘 탔다. 내 자전거에 짐이 거의 없는데도 59세의 내가, 아직도 삶에 대한 뜨거운 열정을 가지고 있는 74세의 ‘머린’을 따라잡지 못했다. 우리는 머리에 하얀 눈 모자를 뒤집어쓴 로키산맥의 골짜기를 향해서, 무채색 침엽수가 호위하는 160번 국도를 따라서 한발한발 심연으로 다가갔다. 위쪽으로는 깎아지른 듯한 웅장한 산세의 로키산맥이, 아래로는 분지 한가운데의 파란 호수가 내려다보이는 보물폭포에 도착했다. 한 쌍의 다람쥐가 ‘머린’의 나무로 만든 자전거를 친구삼아 숨바꼭질 놀이를 하고 있었다. 어느 곳으로 고개를 돌려도 ‘그림’ 그 자체를 보는 것 같다. 어느덧 ‘대니얼’ 부부와 동반 라이딩을 마쳐야 할 지점에 도착했다. 그들은 집으로 돌아가고, 나만 홀로 로키의 정상에 오를 시간이다. 지금 우리가 헤어지면 생전에 다시 만날 기약이 없다. 만남이 있으면 반드시 이별이 있는 게 세상의 이치가 아니던가. 더 이상의 미련과 아쉬움을 남

'대니얼'부부와 보물폭포treasure Falls까지 동반 라이딩을 마치고 혼자서 로키산맥의 정상으로 향했다. 160번 국도 주변에는 지난겨울의 눈이 남아 있었다.

기지 말고, 얼른 나의 길로 떠나련다.

점점 높아지는 고도, 숨이 가빠졌다. 헤어핀으로 고개의 경사도를 낮추었지만, 끝없는 업힐에 점점 지쳐 갔다. 멀리 보이던 하얀 잔설 능선이 바로 지척에 있었다. 감히 넘을 수 없을 것 같았던 산등성이가 높이를 많이 낮추었다. 푸른색 숲은 아직 남아있는 추위 때문인지 본래 색깔을 잃고 무채색에 가까웠다. 이렇게 앞만 보고 달리던 내 등 뒤에서 갑자기 천둥소리가 들렸다. 깜짝 놀라 뒤를 바라보니, 검은 구름이 서풍을 타고 동쪽으로 몰려오고 있었다. 고개 정상까지 아직 40분이나 남아 있다. 마음은 급해지고, 초조해졌다. 시커먼 구름이 불길한 바람을 타고 나를 앞지르기 시작했다. 마침내 비구름이 천지 사방을 뒤덮었다. 이제는 머리 위에서 번개가 쳤다. 아침에는 날씨가 너무 좋아서 '머린'의 조언에 긴가민가했지만, 어쨌든

파고사 스프링스 Pagosa Springs를 출발한 지 4시간 30분 만에 해발고도 3,309m의 울프크릭 패스정상 Wolf Creek Pass에 올랐다. 이루 말할 수 없는 벅찬 감동도 잠시, 눈보라와 추위 때문에 서둘러 하산해야 했다.

그의 말을 듣고 우비를 가져온 것은 현명한 결정이었다. 해발고도 3천 미터를 넘은 탓인지 고산증세가 지속해서 나타났다. 시속 5km 정도는 견딜 수 있지만, 그보다 빠르면 금방 숨이 차고 현기증이 일어났다. 특히 목 뒷덜미 당기는 증상이 불편했다.

명성에 걸맞게 로키는 쉽게 길을 내주지 않았다. 다만 흐르는 시간이, 나를 파고사 스프링스를 출발한 지 4시간 30분 만에 해발고도 3,309m(10,857피트)의 울프 크릭 고개 정상Wolf Creek Pass Summit에 우뚝 서게 했다. 빗물 한 방울이 떨어져서 서쪽으로 흐르면 태평양으로, 동쪽으로 흐르면 대서양으로 간다는 대분수령 (The Great Divide)이 그곳에 있었다. 꼭 오르고 싶어서 간절히 기도하는 마음으로 등정한 울프 크릭 패스에는 아쉽게도 눈보라가 몰아치고 있었다. 로키산맥에 올랐다는 의식이고 뭐고 당장 하산하고 싶은 마음이 굴뚝 같았다. 미국 자전거 여행 중에 오를 수 있는 최고 높이에 올랐다는 벅찬 환희 속에서도 빨리 내려가지 않으면 얼어 버릴 것 같은 추위가 나를 압도했다. 내리는 눈과 비에 온몸이 젖고, 영하에 가까운 기온에 패니어에 넣어둔 옷들을 잔뜩 껴입었지만, 그래도 온몸이 덜덜 떨렸다. 손가락과 발가락은 이미 마비되었고, 머리는 계속 어지럼증이 일어났다. 그러니 얼른 하산해야만 했다.

로키산맥 동쪽과 서쪽의 모습은 많이 달랐다. 개인적으로는 동쪽의 경치가 더 좋았지만, 춥고 배고파서 경치를 즐길 여유가 없었다.

고개 정상에서 숙소가 있는 사우스 포크South Fork까지 금방 내려갈 줄 알았다. 오로지 어떻게 해야 패니어 없이 올라갈 수 있는지만 신경 썼지, 산꼭대기에서 사우스 포크까지의 다운힐은 전혀 염두에 두지 않았다. 그런데 그게 아니었다. 춥고 배고픈 아사 직전 상태가 두 시간이나 이어졌다. 로키산맥의 동쪽 기슭과 서측면의 풍경은 아주 달랐다. 특히 동쪽 침엽수의 색깔이 서쪽보다 파스텔 색조가 강했다. 이렇게 멋진 동쪽 기슭의 풍광을 춥고 배고픔이 극에 달해서, 제대로 즐길 여유가 없었다. 길고 긴 다운힐을 끝내고 풋힐 로지 앤 캐빈Foothill Lodge & cabins에 도착했다. 택시 기사는 약속대로 나보다 먼저 이곳에 왔고, 모텔 직원은 패니어를 내 방에 보관해 두고 있었다.

해발고도 3,309m를 넘느라고 피곤했지만, 내일의 주행을 위해서 우중 라이딩으로 더러워진 자전거를 세차하는 일을 잊지 않았다. 말끔하게 단장

한 자전거를 끌고, 인근의 식품점으로 쇼핑 나갔다. 로키산맥을 넘어 오르느라고 고생한 나 자신을 위해서 스테이크, 닭 모래주머니, 양파, 버섯, 바비큐 소스, 올리브유를 사 왔다. 피곤한 나를 위해서 고기 구워 줄 사람은 없나?

36일차 South Fork – Alamosa

숙소 웜샤워 하우스 거리 74km 누적 거리 2,407km

여자의 마음만 갈대라고?

'여자의 마음'만 갈대가 아니었다. 숙소를 출발하기 전에 스마트폰으로 일기예보 앱을 보니, 땅덩어리 큰 미국답게 거쳐야 할 동네마다 바람의 방향이 달랐다. 그렇게 멀리 떨어지지 않은 마을인데도, 서로 바람 방향이 다른 게 이해되지 않는다. 주행을 시작할 때는 일기예보처럼 서풍이 불었지만, 두 시간 만에 도착한 델 노르테Del Norte에서는 맞바람, 동풍이 나의 길을 막았다. 이웃의 몬테 비스타Monte Vista에서는 남풍이었다. 날씨도 종잡을 수가 없었다. 추웠다 더웠다를 반복하니, 거기에 맞춰 덧옷을 입었다 벗었다 하며 야단법석을 떨었다. 그런데 흥미로운 점은, 이곳이 산이 없는 광활한 평지라서 시시각각 변하는 구름 모습을 360도로 관찰할 수 있었다. 오른편의 시커먼 구름이 나를 노려보고 덤빌 태세이지만, 주행 중에는 비가 오지 않을 거라는 근거 없는 믿음을 가지고 있었다.

매일 음악을 들으며 자전거를 타지만, 간혹 지루함이 느껴지는 날이 있다. 오늘은 바로 그런 날이다. 이럴 때는 심심함을 달래려고, 과거로의 추억여행을 떠난다. 먼저 아침 출발 전에 속도계를 0km로 맞추어 놓는다.

넓은 초지에 풀을 뜯고 있는 소 떼와 서부영화에서 봤음직한 목장이 이곳이 미국이라는 것을 실감 나게 해 주었다.

차츰 주행거리가 늘어나면서 56km가 찍히면, 이때부터 나의 시간여행은 시작된다. 1956년에 내가 태어났기 때문이다. 속도계가 주행거리 68km를 기록하면, 초등학교 졸업식이 있던 해를 추억하며, 그해에 무슨 일이 있었는지 떠올린다. 이렇게 속도계의 주행거리에 해당하는 중학교, 고등학교, 대학 그리고 군대 시절, 심지어 직장 다닐 때를 차례로 떠올리며 혼자 웃고, 울고를 반복한다. 그런 추억여행은 자신의 돌아보고, 마음의 여유를 가질 수 있는 귀중한 시간이 된다. 그러다가 잊고 있었던 것이 문득 생각나면, 자전거를 멈추고 메모장에 적는다. 호스트 '드바인'에게 언제 가면 좋을지 전화했다. 당장 오란다. 시티 마켓City Market에 들렸다가 호스트 집으로 갔다. 부부가 나름으로 재미있게 여생을 사는 듯했다. 남편 '드바인'은 투자금융회사에 근무했고, 부인 '잰'은 나와 같은 은행원 출신이었다. 은퇴한 지금, 이들은 알라모사 방문자 센터에서 관광객을 위한 자원봉사를 하고 있었다. 그래서인지 '드바인'은 틈만 나면 나에게 지역의 지리정보를 알려주려고 했다. 부부를 따라서 지역회관에 갔다. 몇 명 되지 않는 주민 숫자에 비해서 건물의 규모가 커서 리모델링하려는 듯, 동네주민이 모

'드바인' 부부는 은퇴 후 지역의 웰컴 센터Welcome Center에서 자원봉사하며 노년을 즐기고 있었다.

여서 의견을 나누고 있었다. 많은 사람이 회관에 나와서 동네 현안에 대해서 토론하는 모습이 한국에서는 보기 드문 장면이었다. 저녁에는 '드바인' 부부를 포함해서 지인 6명이 그들의 집에서 대화하는 모습을 지켜보았다. 우리와는 다르게 이들은 경청에 아주 익숙했다. 다른 사람의 말을 중간에 가로채지 않고 끝까지 들어주는가 하면, 대화에 참여하지 않는 사람이 없도록 배려하는 모습이 참으로 신선했다. 이런 대화 문화는 우리가 본받을 만한 점이 아닌가 싶다.

37일차 Alamosa – Saguache

숙소 모텔 거리 91km 누적 거리 2,498km

도서관에 가 봐라!

지도를 보니 이 지역의 도로는 완전히 일직선이었다. 주변 풍경에 전혀 변화가 없는 도로를 세 시간 가까이 좌우로 조금도 방향을 틀지 않고 똑바로 달렸다. 그러다 보니 미국을 주행하면서 처음으로 힘들다는 생각보다 지겹다는 느낌이 더 강한 하루였다. 전 세계의 도로 중에서 가장 긴 일직선 도로는 몇 킬로미터나 될까? 여기보다 긴 곳이 있을까? 이곳은 80마일(128km)이었다. 미국의 도로를 질주하는 차량의 종류는 정말 다양했다. 같은 차종의 차를 거의 찾아보기 힘들 정도다. 또한, 이곳이 중서부 곡창지대

일직선으로 뻗은 지도 상의 도로 길이를 계산해 보니 자그마치 120km가 넘었다.

엄청나게 긴 스프링클러로 메마른 경작지에 물을 뿌리는 모습이 장관이었다.

의 초입이라서, 난생처음 보는 농기계도 수두룩했다.

서왜치Saguach가 가까워지면서 멀리 전방에 우리나라 지형 모습의 도로 표지판이 보였다. 설마 이런 오지에 한반도 지도라니? 거기에는 '38도선, 1950. 6. 25~1953. 7. 27, 잊혀진 전쟁The Forgotten War'이라고 쓰여 있었다. 국가의 부름을 받고 참전한 동방의 이름 모를 나라에서 5만 명이 넘는 전사자가 발생한 한국전쟁은 우리에게도 벌써 까마득히 잊힌 전쟁이 되었지만, 미국인에게도 잊혀졌나 보다. 목적지인 서왜치 빅 밸리 모텔Big Valley Motel에 도착했다. 손님이 많지 않은 듯, 주인은 태평하게 자리를 비웠다. 사무실 앞에 전화기를 설치해서, 투숙을 원하는 손님이 전화기 버튼을 누르면 주인이 달려오는 장치

서왜치 Saguache로 가는 285번 군립 도로에 한반도 지도가 그려진 표지판이 있었다. 한국전쟁은 미국인에게도 '잊혀진 전쟁'이었다.

를 만들어 놓았다. 그렇게 5분 만에 나타난 여주인에게 가스레인지를 사용할 수 있도록 프라이팬을 달라고 요구했다. 원래는 손님에게 제공하지 않는 품목이지만, 나한테는 특별히 갖다 주겠다는 립서비스를 잊지 않았다. 이 시골 모텔은 와이파이가 없었다. 여주인에게 어디서 인터넷을 사용할 수 있는지 문의했더니, 핵폭탄급 정보를 주었다. 바로 도서관이란다. 그곳은 공공시설이라서 그런지 모텔이나 가정집과 비교할 수 없을 만큼 인터넷 속도가 빨랐다. 그동안 한 시간 가까이 걸렸던 블로그 업로딩 작업이 순식간에 이루어졌다.

38일차 Saguache – Salida

숙소 웜샤워 하우스 **거리** 69km **누적 거리** 2,567km

페달을 돌릴 힘이 남아 있는 한, 절대 멈추지 않으리...

입술이 갈라진 지 벌써 한 달째, 날씨가 건조한 탓에 도통 낫지 않는다. 밤에 자면서 사지를 쭉 펴고 기지개를 켜면 바로 종아리에서 경련이 일어난다. 그래서 다리를 쭉 펴지 못하고 무릎을 구부리고 기지개를 켠다. 근육 경련을 예방하려면 이온음료를 많이 마셔야 한다는데 워낙 가게가 드물어서 살 수가 없다.

새벽에 비가 온 듯, 구르는 바퀴 뒤로 물줄기가 솟구쳤다가 내려앉는다. 파란 하늘에 군데군데 하얀 구름이 떠 있던 어제와 달리, 오늘은 온통 잿빛 구름이지만, 차분하고 고즈넉한 시골에 이름 모를 새들의 낭랑한 지저귐이 가득하다. 그러나 이런 상쾌한 기분도 잠시, 내가 가는 전방에 비구름이 몰려 있다. 마침 서쪽에서 불어오는 바람에 구름이 밀려나는 듯했지만, 어느새 바람의 방향이 바뀌고 물러났던 먹구름이 나를 덮치기 시작했다. 다음 마을인 폰차 스프링스Poncha Springs까지 15마일(25km) 남았다는 표지판이 보인다. 힘이 좋을 때는 딱 한 시간 거리이지만, 지금의 속도로는 세 시간이 걸릴지, 아니면 네 시간이 걸릴지 알 수 없다. 오르막과 맞바람, 거기에 폭우가 시작되었다.

우중 라이딩할 때 양말이 비에 젖는 것을 막으려고 신발을 비닐봉지로 감쌌지만, 워낙 강하게 비가 내려서 그다지 효과가 없었다.

이 도로 주변이 환상적 awesome이라고 추천했던 웜샤워 호스트 '머린'과 '대니얼'이 살짝 원망스러워졌다. 로키산맥의 울프 크릭 패스Wolf Creek Pass도 10,857피트(3,309m) 밖에 되지 않는데, 관광지도에는 내 앞에 펼쳐질 고개가 무려 450피트(140m)나 더 높다고 되어 있다. 뜻밖의 정보에 놀라지 않을 수 없었다. 그렇지만 울프 크릭 패스보다 더 높다고 해서 돌아갈 수 없는 법. 될 대로 되라는 심정으로 천천히 폰차 패스로 향했다. 비와 맞바람 그리고 오르막의 트리플 악재를 극복하고 천신만고 끝에 폰차 패스 정상에 올랐다. 다행히 고개 정상에는 해발고도가 9,010피트(2,746m)라는 안내판이 세워져 있었다.

하지만 악몽이 다시 나를 찾아오리라고는 전혀 예상조차 못했다. 폰차 패스에는 더욱 강력한 폭우와 추위가 기다리고 있었다. 로키산맥을 내려올 때보다 상황이 좋지 않았다. 나이 60에, 이게 뭐하는 짓인지 뒤늦은 후회가 몰려왔다. 온몸은 사시나무 떨리듯 부들부들 떨렸다. 양말이 비에 젖는 걸 피하려고 아침부터 클릿신발 위로 비닐봉지를 덮어씌워서, 발가락은 다행히 추위를 견딜 수 있었다. 하지만 손가락은 방법이 없었다. 진눈깨비

퀵스탠드가 없으니 자전거를 세워놓을 때 많이 불편했다. 하지만 로키산맥을 넘기 전에는 짐 무게를 조금이라도 줄여야 해서 살 수 없었다. 이제 로키산맥을 넘었으니 퀵스탠드를 장만하고 싶었다. 호스트 '제스트'가 커팅머신으로 내 자전거의 높이에 맞게 퀵스탠드의 다리를 잘라 주었다.

를 맞아 얼어 버린 손가락을, 무릎 뒤의 움푹한 부위에 대고 비비며 체온을 유지했다. 사투로부터 나를 구해 준 것은 폰차 스프링스Poncha Springs의 작은 커피숍이었다. 그곳에서 따뜻한 음료로 몸을 녹일 수 있었다. 카페에서 음료를 마시며 로또복권을 확인하던 손님이 이렇게 비가 퍼붓는데, 왜 택시를 부르지 않느냐고 끌끌 혀를 찼다. 순간 그의 말처럼 내가 정말 비정상이 아닌지 의문이 들었다.

몸을 덥히고 다시 출발하려니, 온몸이 치를 떨듯이 오돌오돌 떨리고 발이 떨어지지 않았다. 다행히 목적지 살리다Salida 까지는 10킬로미터밖에 남지 않아서, 몸 안의 에너지를 총동원해서 전력으로 달려갔다. 미국의 편리한 주소시스템 덕분에 어렵지 않게 호스트의 집을 찾을 수 있었다. 한기가 돌던 몸은 현기증이 남아 있었지만, 따뜻한 물로 샤워하니 많이 나아졌다. 지금의 내 장비로는 앞으로 계속될 우중 라이딩에 적절하지 않다는 판단이 들었다. 이같은 애로 사항을 설명하니 호스트 '제스트'는 흔쾌히 자동차로 나를 자전거 가게에 데려다주었다. 그동안 없어서 불편했던 퀵스탠드(자전거를 세울 수 있는 받침)와 방수 장갑, 보온 우비를 샀다. 이러한 장비가 추위와 폭우에 얼마나 도움이 될지는 모르겠지만, 그래도 오늘보다는 훨씬 나아지지 않을까 싶다.

39일차 Salida - Canon City

숙소 KOA 캠핑장 거리 82km 누적 거리 2,649km

가슴 뭉클하게 하는 여인

나를 배려하는 부인 '로빈'의 마음에 가슴이 먹먹해졌다. 아침에 출발하려니 주유소의 부실한 음식을 사 먹지 말고 자신이 만든 샌드위치와 과일, 영양바를 먹으라고 챙겨 주었다. 어제는 비를 홀딱 맞고 집에 들어가니 그동안 가뭄이 들었는데 내가 비를 몰고 왔다고 추켜세워 주었다. 남편과 함께 내 블로그를 보면서 계속 응원하겠다는 그녀를 뒤로하고 캐논 시티Canon City를 향해서 출발했다. 살리다에서 캐논 시티까지 45마일(72km)은 마지막 3km만 오르막이고, 나머지는 내리막이었다. 페달을 밟지 않아도 자전거가 저절로 굴러갔다. 미국은 고갯길을 만들 때 어떤 규정이 있는지 모르겠지만, 아직 심한 경사도로 인해서 댄싱(안장에서 일어나서 서서 두 발로 페달을 돌림)하며 올라가야 할 정도의 급경사 길을 만나지 못했다. 단지 오르막이 한국보다 훨씬 길었다. 도로 옆을 흐르는, 로키산맥에서 발원해서 2,333km를 달려 미시시피 강에 합류하는, 아칸소 강Arkansas River에서는 드문드문 사람들이 낚시와 래프팅을 하고 있었다.

오늘 묵을 코아 캠핑장KOA Kampground은 도시의 초입에 있어서, 미국에서 네 번째 텐트를 치려고 한다. 코아 캠핑장은 이용 요금이 비싼 대신에 돈 낸 만큼 확실한 서비스를 해 준다는 미국 최대 규모의 인기 체인이

오늘 주행한 72km 중에서 마지막 3km만 고갯길이고 나머지 구간은 페달에 발을 올려놓기만 해도 저절로 굴러가는 내리막이었다.

다. 다만, 텐트를 칠 수 있는 사이트는 대부분 사무실에서 멀리 떨어진 외진 곳이 많아서 조금 무섭기는 했다. 그동안 로키산맥 업힐을 대비해서 짐 무게를 줄이는 데 초점을 맞추었지만, 이제는 없어서 불편했던 살림 도구를 장만해도 되지 않을까 싶다. 먼저 야외에서 버너로 고기 구울 때 필요한 프라이팬을 사고 싶었다. 정식제품은 무거워서, 대신 오븐용 간이용기를 사들였다.

40일차 **Canon City – Pueblo**

숙소 윔샤워 하우스 **거리** 84km **누적 거리** 2,733km

이제는 악몽까지…

밖에서 시끄러운 소리가 나더니 누군가 내 목을 무릎으로 조르고 있었다. 발버둥을 쳐봤지만, 소용이 없어서 마구 소리를 쳤다. 간밤에 악몽을 꾸었다. 이번 여행의 초반부에 혼자서 사막을 통과하고 로키 산맥을 넘으면서 두어 차례 악몽을 꾼 적이 있었다. 지난 밤에는 이곳 캠핑장이 너무 한가하고 적막해서 그런 무서운 꿈을 꾼 듯했다. 텐트에서 지낼 때는 밤에 할 수 있는 일이 없어서 아주 지루하다. 어제는 오후 여섯 시에 억지로 잠을 청해서 새벽에 허리가 배겨서 더는 잘 수 없을 정도가 되어서야 일어났다.

젊디젊은 여자 호스트가 오후 다섯 시 이후에 와 달라고 하니, 오늘은 급할 게 없다. 그렇지만 초라하게 보이지 않으려고 면도를 하고 용모도 단정히 했다. 나이 든 호스트는 별반 부담이 없지만, 어린 여자 호스트는 아무래도 거북하다. 오늘은 시간이 넉넉한 '부자'가 되었으니 마음의 여유가 절로 생겼다. 그동안 보고도 느끼지 못했던 주변의 풍경이 눈과 가슴에 와 닿았다. 내가 여유 부리는 것을 시샘이라도 하듯이 빗방울이 떨어지기 시작했다. 하늘을 보니까 구름의 가장자리에 있었다. 구름의 그림자에서 탈출하면 비를 피할 수 있을 것 같

옷가지와 식량, 전자제품들을 비닐봉지에 담아서 지정된 패니어에 넣고 자전거를 점검한 후에 라이딩을 시작했다.

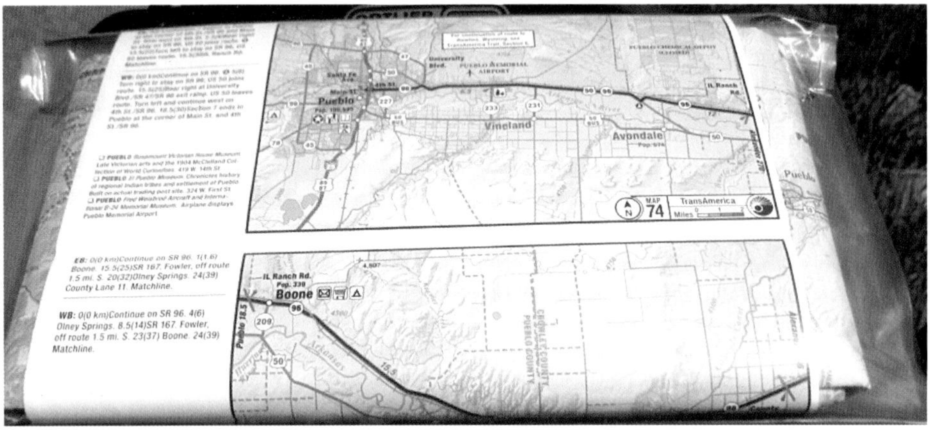

로스앤젤레스에서부터 푸에블로까지는 인터넷으로 구글맵의 경로 안내를 받아서 주행했지만, 푸에블로부터는 종이지도인 ACA(모험자전거협회)의 트랜스아메리카 트레일을 따라서 라이딩할 계획이다.

았다. 구름과 쫓고 쫓기는 추격전을 벌였다. 나는 심리적으로 맞바람보다 비가 더 무서운 모양이다. 정면에서 바람이 불고 있었지만, 더 강한 바람이 불어서 구름이 나를 따라오지 못하게 해줬으면 좋겠다. 하지만 모든 게 부처님의 손바닥 위였다. 뒤처져 있던 구름이 어느새 달려와서 내 앞에 비를 뿌리고 다시 도망가기를 반복했다.

전방이 확 트인 미국에서 자전거를 타면서 저 멀리의 랜드마크까지의 거리가 얼마나 될까 궁금한 적이 많았다. 한국에서는 산과 건물 등으로 시야가 막혀 있지만, 이 곳은 상상을 초월할 정도로 완전히 개방되어 있다. 며칠 전 라이딩 할 때 멀리에 산이 있었다. 눈짐작으로 대략 10km 남짓으로 보였지만, 실측해 보니 놀랍게도 네 배인 38km였다. 나는 거리를 시야에 의한 판단이 아닌, 산술적 계산으로 파악하고 있지 않나 싶다. 예를 들면 거리 10km는 뛰어서 한 시간, 자전거로 30분, 그렇게 거리를 숫자로 계산하다가 땅덩어리 넓은 미국에서 눈대중으로 거리를 측정하려니 불가능했다.

샌프란시스코에서부터 이곳까지는 구글맵 내비게이션의 안내를 받으며 달려왔지만, 내일부터는 종이 지도를 보며 미지의 세계로 들어가려고 한다. 1개월 전에 장만한 모험자전거협회 Adventure Cycling Association의 트랜스아메리카 트레일 지도를 보고 일정을 잡을 것이다. 지금까지는 지구 대기권을 벗어나려고 많은 연료를 소모해 가며 우주정거장 푸에블로 Pueblo까지 로켓을 쏘아 올렸다고 한다면, 내일부터는 무중력 상태에서 관성의 법칙으로 힘들이지 않고 항해할 수 있을 것 같다.

41일차 Pueblo – Ordway

숙소 웜샤워 하우스 거리 82km 누적 거리 2,815km

토네이도 예보?

고등학교 선생님인 호스트 '로즈'는 나보다 먼저 일어나서, 출근 준비 중이었다. 나를 보더니 반갑게 아침 인사를 하고 식사를 차려 주겠다고 한다. 딸 같은 호스트가 정신없이 바쁜 것을 보면서 아침까지 얻어먹을 만큼 몰염치하지는 않다. 자전거 타고 가다가 시내에서 사 먹겠다고 하니, 오래전에 전 세계의 남성들을 울린 미국 여배우 제인 폰더를 닮은 그녀의 얼굴에 금방 화색이 돈다. 부디 오늘도 그녀에게 좋은 일만 계속되기를 기원해 본다. 나 홀로 하는 미국 횡단 자전거 여행은 상상을 초월할 만큼 외롭고 고독하다. 슬픔과 기쁨을 함께 나눌 사람이 없다는 것을 느끼는 순간, 슬픔은 배가되고 기쁨은 반감된다. 그래서 웜샤워 호스트 집에 머무는 것은 심리적인 면에서 대단히 중요하다. 모텔에 묵으면 내가 원할 때 휴식할 수 있고 잠을 잘 수도 있지만, 온종일 대화할 상대가 없이 페달만 밟아 대느라 공허해진 마음까지 채워 주지는 못한다. 어젯밤은 자전거 여행자를 진심으로 반기는 멋진 젊은 여성과 이야기를 나누는 행운까지 누렸으니 오늘은 기분까지 아주 상쾌하다.

가랑비는 푸에블로를 촉촉이 적시고 있었다. 한국에서 이런 정도로 비가 내리면 대부분 라이딩을 취소하겠지만, 80여 킬로미터 떨어진 조그만 마을에서 나를 기다리는 웜샤워 호스트가 있으니, 이유 불문하고 무조건 떠나야 했다. 시간이 흐르고, 맞바람이 서서히 본색을 드러내며 위력을 보이기 시작했다. 맞바람이 만들어 내는 소음 때문에 뒤에서 접근하는 자동차 소리가 들리지 않았다. 갑자기 나타나서 나를 추월하는 차량 때문에 깜짝 놀라기를 여러 번, 여간 신경이 쓰이는 게 아니었다. 상황이 그럼에도 불구하고 아무리 페달을 밟아도 앞으로 나가는 느낌은 없고, 마치 거대한 러닝머신 위에서 달리는 것 같았다. 자전거를 탈 때 느끼는 희열과 마음의 평안은 사라지고, 오로지 바람과 지겨운 힘겨루기를 하고 있었다. 그동안 충만했던 육체적, 심리적 자신감이 차츰 무너져 내렸다. 푸에블로가 나에게 미련이 많은지, 쉽게 보내고 싶지 않은 모양이다.

맞바람을 뚫으며 악전고투하고 있을 때, 지나가던 차량이 내 옆에 바싹 붙었다. 스르르 창문이 열리고 운전자의 외침이 흘러 나왔다. "오늘 이곳에 토네이도 예보가 있어, 조심해야 해." 미국 중부에서는 반드시 현지 주민에게 토네이도 예보가 발령되었는지를 물어보고 라이딩을 시작하라고 했는데, 그 날이 일찍 찾아왔다. 뉴스로만 봐왔던 토네이도가 내 앞에 나타날 수 있다는 현실에, 몸 구석구석에 숨어 있던 두려움이 스멀스멀 기어 나왔다. '만약에 토네이도가 내게로 오면 어떻게 하지?', '끝없이 펼쳐진 황량한 벌판 한가운데에 엎드릴까, 아니면 뒤로 도망갈까?' 호스트 집까지 아직 40km나 남아 있지만, 맞바람을 헤치고 한시라도 빨리 목적지에 도착하는 것이 유일한 선택이었다. 하지만 강력한 맞바람은 조금의 전진도 허용하지 않겠다는 듯, 나를 막고 있는 상황이 계속되었다. 더딘 주행 속도로 인한 조급함과 갑작스럽게 닥친 두려움이 상승작용을 일으키며, 공포감이 온몸을 휘감았다.

갈 데까지는 가야 했다. 바람이 조금 약해지는 기미를 보이면 재빨리 기어를 바꿔서 속도를 올렸다. 귀신같은 '바람의 신'은 그런 내 의도를 어떻게 알았는지, 그럴 때마다 더욱 강력한 바람으로 내 탈출 의지를 꺾으려 들었다. 어찌할 바를 모르고 우왕좌왕하는 사이, 어둠 속에서 한 줄기 희망의 빛을 발견했다. 모험자전거협회ACA지도를 자세히 살펴보니, 목적지 오드웨이Ordway 못 미쳐 20km 전방에 올니스프링스Olney Springs라는 작은 마을이 있었다. 운이 좋아 거기서 전화가 터진다면, 웜샤워 호스트에게 나를 픽업해 달라는 구조요청 전화를 하면 된다. 어떻게든 거기까지만 가면 살길을 찾을 수 있을 것 같았다. 희망을 버리지 않고 태풍에 버금가는 강력한 바람을 헤치고, 더뎌도 너무나 더딘 속도로 조금씩 전진했다. 천신만고 끝에 마을에 도착해서 호스트에게 전화했다. 하지만 호스트는 외출했는지, 전화를 받지 않았다. 실낱과 같은 희망이 사라졌다. 아무도 나를 도와줄 사람이 없다는 현실이 암담했다. 혹시나 누구의 도움을 받을 수 있지 않을까 하는 기대를 던져버렸다. 지난번처럼 히치하이킹을 시도할 수 있지만, 만약 실패한다면 길에서 보낸 시간만큼 더 어려운 상황을 맞게 될 우려가 있었다. 게다가 엎친 데 덮친 격으

5월이었지만 날씨가 쌀쌀해서 비를 맞으면 덜덜 떨렸다. 추위가 느껴지면 아무래도 마음이 급해지고 서두르는 경향이 있어서 살리다Salida에서 스티로폼 재질의 방수 옷을 샀다.

로 토네이도 예보 때문인지, 지나가는 차량 숫자도 눈에 띄게 줄었다. 그러니 죽을 때 죽더라도, 내 두 발로 목적지까지 가기로 마음먹었다.

토네이도 출현을 대비해서 긴장을 늦추지 않으며 주행을 한 지 아홉 시간, 오드웨이 Ordway에 살아서 도착했다. 호스트 '제니퍼'는 조금 특이했다. 그동안의 호스트와 달리 그녀는 다소 냉소적인 표정으로 자신의 손님에게 무관심한 듯 대했다. 사투를 벌이며 이곳까지 오느라고 극도로 피곤한 데다가, 호스트답지 않은 그녀의 실망스러운 태도까지 겹치니 적지 않게 자존심이 상했다. 그래도 '제니퍼'만의 개성이려니 생각하고 넘어가야지 어쩌겠는가? 동서양을 막론하고 여자는 칭찬에 약한 법. 이곳에 묵은 적이 있는 몇몇 한국 여행자들의 그녀에 대한 호의적인 평판을 전해주자, 금세 나를 대하는 태도가 달라졌다. 그녀는 이번 주 들어서 날씨가 급변했고 수시로 토네이도 예보가 뜨고 있다며 친절히 설명해 주었다. 그런 이유로 최근에 트랜스아메리카 트레일Transamerica Trail을 따라서 횡단하는 자전거 여행자가 없다고 내 어깨를 두드리며 위로해 주었다. 그녀의 게스트하우스는 평판이 좋아서, 혹시나 이곳에서 함께 여행할 동반자를 구할 수 있지 않을까 내심 기대했는데, 실망이 이만저만이 아니다.

42일차 Ordway

숙소 웜샤워 하우스 거리 0km 누적 거리 2,815km

토네이도와 함께 살아가는 사람

대평원의 초입에서부터 자연의 위력을 실감하니, 또다시 마음이 흔들렸다. 지금껏 경험해 보지 못한 자연환경과 맞서다 보니, 무사히 대서양에 당도할 수 있을지 자신감이 없어졌다. 내가 왜 미국에 와 있는지 잠시 생각해 보았다. 현지인은 심심치 않게 경험하는 자연현상을 침소봉대해서, 너무 과민하게 반응하는 것은 아닌지 자문해 보았다. 만약 미국까지 날아온 본래의 목적을 잊어버리고 결심이 흐려져서 중도에 포기라도 한다면, 그것은 세상을 떠나는 날까지 한으로 남을 것이다. 오늘은 하루 푹 쉬면서 정신무장을 새롭게 해야겠다.

이 지역은 토네이도가 지나가는 길목이다 보니, TV와 라디오는 온통 토네이도 이야기뿐이었다. 늘 라디오와 TV의 기상예보에 귀 기울여 들어야 한단다. 어제는 오드웨이 북쪽 10km 지점으로 토네이도가 지나갔다고 알려주었다. 자칫 목숨을 잃을 수도 있는 무시무시한 토네이도가 일 년에 서너 번이나 찾아온다는데, 그런 자연환경에 굴하지 않고 이겨내며 살아가는 그들의 모습을 보니 절로 존경심이 우러나왔다.

병원에서 의료지원 일을 하는 호스트 '제니퍼'가 아침 일찍 병원에 출근했다가 돌아왔다. 그녀에게 마당에 왜 그렇게 많은 트레일러를 설치했는지 물어보니, 모두 웜샤워 게스트를 위한 숙소라고 한다. 한때는 하룻밤에 16명까지 숙박했다고 하니, 자전거 여행자를 배려하는 그녀의 마음 씀에 절로 고개가 숙여졌다. 뉴질랜드 출신인 그녀는 무뚝뚝한 생김과는 달리 세심하고 다감한 면이 있었다. 물이 귀하고 여러 가지로 척박한 자연환경에서 살다 보니, 절약 정신과 자연

호스트 '제니퍼'의 집 마당에는 자전거 여행자들의 숙소로 사용하는 컨테이너가 여러 개 있었다. 많을 때는 하루 최대 16명까지 호스트했다고 하니 그녀의 자전거 라이더 사랑은 대단했다.

보호에 대한 주관이 뚜렷했다. 내가 한국에서 하던 것처럼 키친 타올로 기름 범벅이 된 프라이팬을 닦았더니 '키친타올 절약은 곧 나무 사랑'이라는 잔소리 아닌 잔소리가 날아왔다. 저녁 식사 설거지 그릇도 간단히 초벌세척을 한 후, 다음 날 아침 식기와 함께 최대한 물을 절약하며 닦았다.

43일차 Ordway – Eads

숙소 모텔 거리 98km 누적 거리 2,913km

자전거 여행자의 기도

5월인데도 기온은 영하로 내려갔다. 새벽에 밖으로 나가보니 살얼음이 껴 있었다. 오드웨이에서의 숙소는 마당에 설치한 트레일러였다. 군데군데 외부로 통하는 구멍이 나 있어서, 가지고 있는 옷을 다 껴입었는데도 추웠다. 밤새 비가 오고 바람 부는 소리가 철판 지붕을 통해서 고스란히 다 전해졌다. 트레일러에서 출발 준비를 마치고 거실로 들어가니, 마침 '제니퍼'는 자신의 아침을 준비하고 있었다. 다른 호스트와는 달리 그녀는 자신의 웜샤워 프로필에 게스트에게 음식을 제공하지 않는다고 올려놓았다. 그래서 그녀의 집에 들어가기 전에 미리 마트에 들러서 일용할 식량을 준비했었다. 나도 어제 사다 놓은 냉동음식을 전자레인지로 적당히 데운 다음, 그녀의 옆에 앉았다. 우리는 서로 먹어보라든지 말라든지 그런 인사치레 없이 자신의 음식만 먹었다. '제니퍼'는 아침 식사하며 자신이 살아온 인생스토리를 이야기해 주었다. 겉보기보다 속정이 많은 그녀는 출발하는 나를, 현관에서 걸어서 꽤 걸리는 자신의 대문까지 나와서 배웅해 주었다. 오늘의 바람은 북북서풍이다. 목적지 이즈Eads가 동쪽에 있어서 바람 덕을 볼 수 있는 날이지만 도로의 방향이 나를 도와주지 않았다. '바람의 신'에게 매일같이 뒷바람을 보내 달라고 떼쓰지는 않겠다. 그렇지만 공평하게 남은 일정의 1/3은 뒷바람, 1/3은 맞바람, 나머지 1/3은 무풍으로 해달라고 부탁하고 싶다. 이 정도면 무리한 부탁이 아니지 않을까? 하여튼 맞바람 때문에 지나친 스트레스를 받고 싶지 않은 만큼, 정도 이상으로 과분하게 바람의 덕을 보고 싶은 마음도 없다.

대평원에서는 바람이 무척 강했다. 며칠 전에는 강한 바람에 태극기가 날아 갔는데, 오늘은 성조기가 나를 버리고 사라졌다. 다행히 여분을 가지고 있어서 새로 끼울 수 있었다.

한국에서는 비가 많이 오거나, 바람이 심하게 불면 아예 자전거를 타지 않았다. 거기에 비를 피할 수 있거나, 바람의 위력을 약하게 만드는 지형지물이 곳곳에 있어서 날씨 때문에 심하게 고생하지 않는다. 하지만 미국은 너무 달랐다. 산 또는 언덕의 스케일이 한국과는 차원이 달랐고, 바람의 세기도 상상을 초월했다. 게다가 도로 주변에 은폐물이 전혀 없어서 거친 평원에 온몸이 그대로 노출되었다. 이런 환경에서 강한 맞바람을 받으며 평속 5~6km로 몇 시간을 주행하다 보면 온몸에 진이 빠질 대로 다 빠졌다. 새삼 느낀 것은, 같은 거리라도 뒷바람 불 때와 맞바람 불 때의 소요 시간을 비교하기가 불가능할 정도였다.

44일차 Eads – Leoti

숙소 웜샤워 하우스 거리 125km 누적 거리 3,038km

남풍의 국민, 캔자스!

밤새 긴장이 되었다. 한번 호된 맞바람을 경험하고 나니까, 이제는 장거리 주행을 계획하는 게 두려워졌다. 설상가상으로 잠마저 설쳤다. 엊저녁에 주유소 식품 코너에서 값이 싸면서 양이 푸짐한 햄버거가 눈에 띄어서 횡재한 기분으로 샀다. 그런데 미국에서도 싼 게 비지떡이라고, 먹는 중간에 뼈 부스러기가 씹히는 허접스러운 햄버거였다. 아니나 다를까 밤사이에 배탈이 나고 말았다. 자다 깨기를 반복하다가 결국 눈 한번 제대로 붙이지 못하고 새벽에 일어났다. 오늘은 트리뷴Tribune까지 60마일(96km)만 라이딩할 계획이었지만, 레오티Leoti에 거주하는 웜샤워 호스트가 초청해서 90마일(144km)로 주행거리가 늘어났다. 만약 오늘 맞바람이 분다면 큰 낭패를 보게 되는 상황이라서 적잖이 긴장된다.

보름간 머물던 콜로라도를 벗어나 드디어 바람으로 유명한 캔자스에 입성한다. 캘리포니아, 애리조나, 뉴멕시코, 콜로라도에 이어 5번째 주이면서 산악 표준시 (Mountain Time)에서 중부 표준시 (Central Time)로 시간 변경선을 넘게 된다. 캔자스는 이곳에 살고 있던 아칸시족의 언어에서 유래된 것으로, '남풍의 국민'이라는 뜻이다. 주마다 조금씩 차이가 있는 것은 어쩌면 당연하겠지만, 캔자스는 마을 입구에 동네 이름만 알려주는 안내판을 세워놓았다. 다른 주에서는 해발고도와 인구수를 알려주는 표지판을 세워 놓았는데 말이다. 여행자로서는 방문하는 마을에 거주하는 사람 숫자가 궁금하지 않을까 싶다.

아무리 평소보다 1시간 30분 먼저 출발했다고는 하지만, 125킬로를 달

대부분의 웜샤워 호스트 가정에서는 고기를 푸짐하게 먹을 수 없었지만, '캐럴'은 단백질을 보충하라고 나에게 커다란 스테이크를 구워 주었다.

리는 동안에 만약 맞바람이라도 불었으면 끔찍한 결과가 나왔을 것이다. 앞으로 일일 주행거리를 잡을 때는 바람의 방향과 관계없이 여유 있게 갈 수 있는 거리를 하루 목표로 잡아야겠다. 소방서에 근무하는 호스트 '캐럴'의 집에 도착했다. 미국 가정에서 보기 드물게 나를 위해서 특별히 준비한 스테이크를 남김없이 다 먹어 치웠다. 그래도 하루 운동량이 많으니, 고기가 몸속으로 들어와도 금세 허기가 느껴진다.

PART 5
캔자스
Kansas

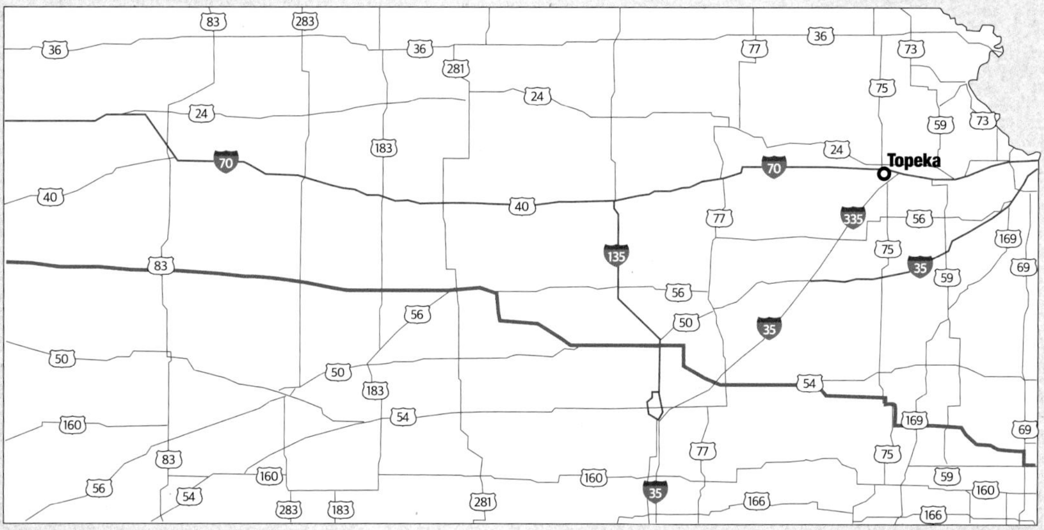

Topeka
83
283
36
36
36
281
77
73
24
75
24
59
73
183
70
24
70
40
40
77
335
56
135
75
169
83
35
59
69
56
56
50
35
50
50
183
54
54
160
169
69
83
77
75
56
160
160
54
59
160
283
183
281
35
166
166

이동 경로

45일차 Leoti – Dighton

숙소 모텔 거리 76km 누적 거리 3,114km

바람, 바람, 바람

미국의 자연환경이 어떻게 나를 가로막든, 나 스스로 결정한 것은 무슨 일이 있어도 반드시 해내고 싶다는 강한 열망이 불끈 솟았다. 한시도 쉬지 않고 바람 제조기에서 거침없이 뿜어 대는 캔자스의 거친 바람을 헤치며, 오늘도 망설임 없이 길을 나섰다.

미국은 어린 시절 나에게 수천 마리의 소 떼를 몰고 다니는 카우보이와 돈에 눈이 멀어서 마구 총을 쏘아대는 악한, 그리고 존 웨인 같은 보안관의 나라였다. 당시 어린이들의 입에서 입으로 전해지던, 미국 서부 개척시대의 전설 같은 이야기가 있었다. 바로 주민들에게 땅을 공짜로 준다는 것이다. 단, 소유하고 싶은 만큼의 땅 끝에 깃발을 꽂고, 반드시 해가 지기 전에 돌아와야 한다는 조건이 붙었다. 그러나 과유불급이라고, 많은 사람은 과한 욕심을 부려서 해지기 전에 돌아오지 못했거나, 인디언들에게 죽임을 당했다는 믿을 수 없는 이야기가 친구들 사이에 회자되었다. 어린 마음에 그렇게 넓고 잘 사는 나라에서 소 떼를 모는 목동이 되어서 살아보고 싶은 동경이 있었는데, 그 이야기가 전적으로 허구는 아니었다. 19세기의 미국은 서부 개척 시대였고, 당시 미국 정부는 소자본 농민의 서부로의 이주를 장려하기 위해서 자작 농지법Homestead Act을 제정했다. 이 법은 누구든지 서부 개척지를 5년간 개간하면 160에이커(20만 평)의 토지를 무상으로 주는 것이었다. 대평원은 이렇게 해서 바둑판처럼 쪼개졌고, 철조망을 두르게 되었다고 한다.

오늘은 한국에서 볼 수 없는 몇 가지 풍경을 보았다. 그동안 보이지 않았

원유시추기가 해저 시추기처럼 거대한 구조물인 줄 알았는데, 메뚜기 형상의 작고 간단한 구조였다. 곳곳에서 원유를 뽑아올리는 미국이 부러웠다.

던 푸른 초지의 소목장이 눈에 띄었고, 마치 땅속에 빨대를 꼽은 듯한 메뚜기 형상의 원유 시추기를 볼 수 있었다. 또한, 대관령이라든지 제주도 같이 바람이 많은 지역에 가면 흔하게 볼 수 있는 풍력발전기를, 바람으로 유명한 캔자스에서 볼 수 없었는데, 드디어 발견했다. 미국은 다양한 저비용의 에너지원이 많아서 굳이 풍력발전기까지 세우지 않아도 되는지 모르겠지만, 하여튼 사방 천지를 부르르 떨게 하는 바람의 캔자스에서 풍력발전기가 드물다는 것이 의외였다.

46일차 Dighton – Ness City

숙소 모텔 거리 49km 누적 거리 3,163km

허리띠 같은 갓길에서 '설마'에 기대는 인생

3년 전에 동남아시아를 자전거 여행할 때는 DSLR을 가지고 갔다. 그 카메라는 사진이 잘 찍힐지는 모르지만, 무거워서 목에 걸고 자전거 탈 수가 없었다. 또한, 넘어졌을 때 파손의 위험이 있어서 핸들바 가방에 넣고 수시로 꺼내기도 어려웠다. 그러니 상대적으로 안전한 뒤 패니어에 넣고 다니며 사진을 찍을 때마다 자전거를 세우고 가방에서 카메라를 꺼내야 하

멀리에서도 보이는 곡식 엘리베이터Grain Elevator는 허허벌판에서 나의 진로를 알려주는 이정표 같았다.

는 게, 여간 귀찮고 성가신 것이 아니었다. 처음 며칠은 그런 불편함을 참아 가며 열심히 사진을 찍었지만, 날이 갈수록 좋은 사진에 대한 열망보다는 사진 찍기 귀찮다는 생각이 앞섰다. 그 이후로는 자전거 탑 튜브의 작은 가방에 쏙 들어가는 디지털카메라를 가지고 다녔다. 이 카메라의 장점은 자전거를 타고 가면서 사진을 찍을 수 있는 것이다. 비록 구도가 맞지 않고 흔들린 사진이 많지만, 사진을 찍을 때마다 자전거를 세울 필요가 없어서, 일정이 빡빡한 나에게는 좋은 대안이었다. 자전거를 멈추고 봐야 할 정도의 멋진 풍경을 만나게 되면, 그때는 자전거를 세우고 신중하게 구도를 잡고 작품 사진을 찍으면 되기 때문이다.

이 지역은 다른 주에는 없는 특이한 구조물이 있었다. 바로 곡식 창고인 그레인 엘리베이터Grain Elevator이다. 30km 떨어진 곳에서도 보이는, 나에게는 가야 할 길을 안내해 주는 우뚝 선 등대와 같았다. 우리의 인생도 하루, 일주일, 일 년으로 구분해서 살아가듯이, 넓디넓은 대평원에 그나마 단락을 지어주는 마을이 군데군데 있으니, 얼마나 고마운지 모른다. 사실 가도 가도 제자리 같은 단조로운 평원을 건너는 것은 상상 이상으로 지루하다.

폭 1m 남짓한 갓길이 내게 주어진 공간 전부이다. 그 좁은 세상에서 공포와 기쁨을 동시에 경험한다. 그곳에 하얀색 스크린을 설치하고 지나온, 그리고 가야 할 인생의 그림을 영사기로 띄웠다 내리기를 반복하며 무료함을 달랜다. 그러다가 순간적으로 바람의 세기에 변화가 있거나, 혹은 거대한 컨테이너 차량이 지나가기라도 하면, 내 의지와 상관없이 차들이 엄청난 속도로 질주하는 차도로 빨려 들어가게 된다. 그럴 때는 극도의 공포감을 맛보게 된다. 이렇게 허리띠같이 길쭉한 갓길에서, 나는 나약한 존재임을 절감하고, '설마' 라는 지극히 운명적인 행운에 기댈 뿐이다.

47일차 Ness City - Great bend

숙소 웜샤워 하우스 거리 104km 누적 거리 3,267km

미국 일기예보는?

어제까지만 해도 미국의 일기예보가 너무 정확해서 무한 신뢰를 보내고 있었다. 그런데 오늘은 아니었다. 수십 개의 기상위성을 운용하는 최첨단 과학의 나라, 미국의 일기예보도 틀릴 수 있다는 사실에 잠시 당황했지만, 이내 웃음이 나왔다. 일기예보는 맞바람이 분다고 했는데, 전혀 바람이 불지 않았기 때문이다. 자전거 타기를 즐기는 사람은 종종 '오르막은 내리막으로 보상을 받지만, 맞바람은 어디에도 하소연할 데가 없다'는 이야기를 한다. 지표면의 기압 차이로 인한 자연의 바람은 없지만, 자전거 안장 위에서 내가 스스로 만들어내는 실바람으로 인해서 볼살을 스치는 싱그러운 감촉이 느껴졌다. 거기에 간밤에 내린 비로 인해서 도로가 얼굴이 비칠 정도로 깨끗하니, 기분이 상쾌하지 않을 수 없었다.

중앙차선에 홈이 패 있어서, 자동차가 중앙선을 넘으면 드르륵 소리가 났다. 자동차 엔진 소리와 이 소리를 들으면 등 뒤에서 접근하는 차량의 접근 진로를 짐작할 수 있다.

미국은 주마다 다른 게 있다. 뉴멕시코 등에는 차도와 갓길의 경계에 '차선 이탈방지 궤도'가 있다. 차량이 차선을 벗어나 갓길로 넘어오면, 바퀴가 이탈방지 궤도와 마찰을 일으켜서 소음과 진동이 발생한다. 이런 파열음으로 운전자들은 이탈 사실을 알게 되고, 덕분에 갓길에서의 추돌 사고 위험이 줄어드는 효과가 있다. 하지만 가뜩이나 좁은 갓길에 홈까지 파여 있으니, 그만큼 주행할 수 있는 갓길의 폭이 좁아지는 단점이 있다. 캔자스는 중앙차선에 '중앙선 침범방지 궤도'를 만들어 놓았다. '드르륵' 소리가 들리면 차량이 나를 배려해서 중앙선을 넘어 반대 차선으로 추월하는 것이고, 뒤에서 차량의 엔진 소리는 들리는데 마찰음이 들리지 않으면 내 옆으로 지나가는 것을 의미한다. 다행히 대부분의 운전자는 중앙선을 넘어 나를 피해 가는 매너를 보여 주었다.

호스트 '애덤'이 사는 그레이트 밴드Great Bend시는 트랜스아메리카 트레일에서 벗어나 있다. 96번과 183번 도로가 분기하는 러시 센터Rush Center부터는 지도 밖의 세상으로 들어갔다. 이곳의 주변 경치는 대평원에 들어온 이후로 가장 아름답지만, 롤러코스터 언덕이 줄지어 나타나서

애덤은 24살 중학교 밴드 선생님이다, 그와 멕시코 음식점에서 저녁 식사를 같이 했다.

그 대가를 톡톡히 치러야 했다. 이렇게 멋진 경치가 있는데도, 왜 모험자전거협회에서는 183번 도로를 추천했는지 모를 일이다. '애덤'은 놀랍게도 구글 번역기로 내 블로그를 읽고 있었다. 어떤 수준으로 번역되었는지 들여다보니, 내 의도와 다른 내용이 일부 있었고, 전체적으로 단순히 사실fact만 전달하는 수준이었다. 어쨌든 내 블로그를 통해서 나를 이해하고, 소통하려는 그의 노력이 멋져 보였다.

48일차 Great bend – Hutchinson

숙소 모텔 거리 105km 누적 거리 3,372km

되는 일 없는 날… …

아무리 현대의 과학기술이 발전했다고 하지만, 인간의 능력으로 자연의 변화를 정확하게 예측하는 것은 아직 불가능의 영역인가 보다. 이번 여행의 초, 중반부까지는 미국의 일기예보가 너무 잘 맞아서 절대적인 신뢰를

미국 운전자들은 공사 중인 도로에서는 교통 통제원의 지시를 따랐다.

보내고 있었다. 그런데 요즘의 미국 일기예보는 별반 한국과 다를 게 없다. 오늘만해도 그렇다. 강수확률 80%라는 미국 기상청의 예보를 철석같이 믿었고, 아침부터 쨍쨍한 햇볕이 온 세상을 지배해도, 곧 내릴 비에 대비해서 우비를 벗지 않고 버텼다. 하지만 끝내 비는 오지 않았다. 대신 맞바람만 오후 내내 나에게 많은 시련을 안겨 주었다. 대자연에 고스란히 노출된 자전거 여행자는 참으로 무기력한 존재임을 실감했다.

'애덤'은 내가 궁금해하던 몇 가지를 알려 주었다. 토네이도 경로는 주로 텍사스 - 오클라호마 - 캔자스 - 네브라스카라는 것과 메뚜기 형상의 원유 시추기로 유정Oil Well에서 기름을 캐내서 지하에 매설된 파이프를 통해서 집유소로 보낸다는 것이다. 땅 주인마다 석유회사에서 받는 임대료가 다르지만, 어떤 땅 소유자는 매달 2만 또는 3만 달러를 받는다고 한다. 한국이나 미국이나 선생님의 월급이 박한 것은 마찬가지인 듯, 땅 주인이 받는 임대료 얘기를 하는 음악 선생님의 얼굴에 살짝 부러워하는 표정이 스쳤다.

오늘같이 운이 좋지 않은 날도 많지 않을 것이다. 남쪽에서 불어오는 맞바람에 체력이 급격히 바닥나서 65km지점의 스텔링Stering에서 숙박하려고 했다. 막상 그곳에 도착하니, 숙소에 들기에는 너무 이른 시간이라서 마음을 바꾸었다. 조금만 참고 16km만 더 가면 한국 음식점이 있다는 니커슨Nickerson에 갈 수 있다는, 스스로 만든 유혹에 빠졌다. 기진맥진한 상태였지만 한국 음식을 먹을 수 있다는 희망 하나만 가지고, 시속 5~6km의 속도로 2시간 넘게 달려서 니커슨에 도착했다. 그렇지만 나를 기다리는 것은 오래전에 폐업했다는 이야기뿐이었다. 거주 인구가 100명밖에 되지 않는 작은 마을에, 중국음식점도 아닌 한국음식점을 운영하기가 쉽지는 않았을 것이다. 맞바람으로 인해서 탈진한 지 이미 오래, 남아있는 악으로 페달을 밟았다. 이처럼 체력이 밑바닥까지 떨어진 상태에서 강한 옆바람이 불어오니, 그 힘에 밀려서 갓길을 벗어났다가 돌아오기를 반복하다가 끝내 도로 턱에 걸려서 벌러덩 넘어지고 말았다. 다행히 내 뒤를 따라오던 차량이 서행을 해주어서, 큰 사고를 면할 수 있었다.

100km를 10시간 넘게 달려서 허친슨Hutchinson에 도착했다. 이 도시에는 자전거 여행자를 위한 무료 숙소Hostel가 있었다. 숙소의 출입문 키는 인근의 자전거 가게에서 보관하고 있다고 해서 찾아갔지만, 가게 문이 닫혀 있었다. 영업시간이 오후 6시까지인데, 내가 도착한 시각이 6시 30분이었다. 내가 선택할 수 있는 숙소는 모텔 밖에 없었다. 가격이 저렴한 업소를 찾느라고 이곳저곳 다니

자전거 여행자들에게 무료 숙박을 제공하는 교회였지만, 내가 너무 늦게 도착해서 아쉽게도 입실할 수 없었다.

면서 흥정을 했다. 그러나 싸다고 들어간 모텔이 세금을 무려 15%나 달라고 했다. 시설이 좋은 다른 모텔과 숙박료가 비슷해졌다. 그래도 그중 저렴한 모텔을 찾아서 체크인했다. 입실하자마자 객실에서 와이파이로 수신메일을 확인했다. 이 도시의 웜샤워 회원으로부터 오늘 밤 자기 집으로 오라는 메시지가 와 있었다. 즉시 모텔 사무실로 가서 사정 이야기하고 환불을 요청했다. 종업원은 자신에게는 환불해 줄 수 있는 권한이 없다며 내 요청을 거절했다. 정말 오늘은 하는 일마다 되는 일이 없었다. 맥이 풀리니 갑자기 시장기가 몰려왔다. 인근의 슈퍼마켓에 가서 먹을거리를 잔뜩 사서 폭식하며 스트레스를 풀었다.

49일차 Hutchinson – Newton

숙소 자전거 가게 **거리** 98km **누적 거리** 3,429km

번개를 친구삼아

미국 횡단 자전거 여행을 준비할 때 고려해야 할 첫 번째 사항은 날씨와 바람이 아닐까 싶다. 처음에는 로키산맥을 오르는 것과 사막을 지나는 것이 최고 난제이자 최대 관심 사항이었지만, 지금은 바람의 방향과 날씨이다. 웜샤워 호스트들도 안부 인사로 늘 뒷바람tailwind과 함께 하라고 한다. 미국 횡단은 계절적으로 춥지도 덥지도 않은 4월 초에 시작해서 6월 말까지 끝내는 것이 좋지 않을까 한다. 나는 유난스러울 정도로 비포장도로를 싫어한다. 그런 도로는 패니어가 달린 차체에도 무리를 주지만, 라이더의 머리와 어깨, 엉덩이에도 작지 않은 충격과 스트레스를 준다. 구글맵의 지도 정보를 검색하고 4번 애비뉴avenue를 타고 가는데, 갑자기 도로가 포장을 걷어내고 고스란히 민낯을 보여 주었다. 얼른 모션엑스 Motion-x GPS를 켜서 확인해 보니 1.5km만 가면 다시 포장도로가 나타나는 것으로 되어 있었다. 별다른 대안이 없어서 비포장 진흙길로 자전거를 끌고 들어갔다. 흙은 모래와 진흙이 섞여 있었지만, 새벽부터 내린 비로 인해서 자전거를 밀고 가기도 쉽지 않을 정도로 바퀴가 진흙에 빠졌다. 2km, 아니 3km를 가도 포장도로는 모습을 보이지 않았다. 이제는 전진할 수도, 돌아갈 수도 없는 진퇴양난에 빠지고 말았다. 그릇된 정보를 가지고 의사 결정을 내렸으니, 그건 누구의 탓도 아닌 바로 내 잘못이었다. 살짝살짝 내리던 비는 어느새 폭우로 변했다. 재빨리 우중 라이딩 복장으로 온몸을 가렸지만, 천지사방에서 번쩍이는 번개와 외로운 나그네를 겁주는 천둥소리까지 가리지는 못했다. 간신히 비포장도로에서 벗어나서 숙소인 자전거 가게에 도착했다. 웜샤워 멤버로 등록된 '뉴턴 바이크샵'Newton Bike shop의 컨셉은 '여행용 자전거'였다. 각종 여행용 자전거와 액세서리를 판매하면서, 자전거 여행자에게 저렴한 유료 숙박을 제공했다. 수리공인 '마이클'은 내 자전거를 정성스럽게 세차하고, 이곳저곳을 꼼꼼하게 점검해 주었다. 얼마 후 그는 심각한 표정으로 나에게 와서 바텀 브래킷

뉴턴 바이크샵Newton Bike shop의 '마이클'은 연일 혹사 당하던 내 자전거를 꼼꼼히 정비하고 구석구석 깨끗이 세차해 주었다.

Bottom Bracket이 심하게 흔들린다며 교체하는 게 좋겠다고 조언했다. 그의 표정을 보고 덩달아 심각해진 나는 워싱턴 DC까지 갈 수 있겠느냐고 물었다. 너무 변수가 많은 질문이었던지 한참을 생각하더니 지금으로써는 알 수가 없단다. 솔직히 '마이클'이 진단한 것처럼 내 자전거가 심각한 상태이었다면 내가 진작에 알아차릴 수 있지 않았을까? 하지만 아직 별다른 이상 증상을 느끼지 못하고 있다. 그럴 리야 없겠지만, 혹시라도 장삿속은 아닐까 하는 생각도 들었다. 내가 판단하기는 그것보다 더 큰 골칫덩어리는, 언젠가 문제를 일으킬 바텀 브래킷보다는 지금이라도 당장 나를 괴롭힐 수 있는 앞바퀴였다. 작은 쇳조각이 타이어 곳곳에 박혀 있었다. 바텀 브래킷 교체는 다음으로 미루고, 튜브를 펑크 낼 수 있는 타이어를 먼저 교체했다.

내가 뉴턴 바이크샵의 세계지도에 '핀'을 꼽은 첫 번째 동양인 라이더였다.

50일차 Newton - El Dorado
숙소 RV Park 캠핑장 | 거리 67km | 누적 거리 3,496km

길손이 없는 미국

언제 다시 미국에 와서 자전거를 탈 수 있을지 기약할 수 없으니, 마음의 여유를 갖고 이곳의 웅장한 대자연을 흠뻑 느껴 보고 싶었다. 어제 비가 온 탓인지, 도로 주변은 온통 개구리 울음소리로 가득했다. 도시 생활하느라고 한동안 듣지 못했던 정겨운 개구리 울음소리 덕분에 우리나라의 시골 정취를 미국에서도 느낄 수 있었다. 금상첨화로 뒤에서 바람까지 불어주니 신바람이 절로 났다. 그렇지만 미국은 한국처럼 나그네에 대한 배려가 전혀 없는 게 아쉽다. 미국 사람들이 그렇다는 게 아니라 주변 환경이 그랬다. 더워서 그늘이라도 찾을라치면 멀찍이 덤불 속에 자리 잡고 있어서 쉽게 접근할 수 없다. 간혹 눈에 띄는 민가도 외부인의 방문을 반기지 않는다는 듯이 울타리로 벽을 쌓아놓고 있었다. 그에 비하면 우리나라는 길가에 흔한 아름드리 느티나무가 만드는 그늘과 거기에 있는 평상, 그리고 한가롭게 앉아서 말을 걸어주기를 바라는 시골 어르신들이 있지 않은가. 오늘도 맞바람과 씨름하다 보니 체력이 급격히 떨어졌지만, 쉴 만한 장소를 찾지 못하고 계속 페달을 돌려야 했다.

엘도라도El Dorado 시내에 들어오니 월마트가 보였다. 어제는 먹지도 못할 만큼 소고기를 많이 사서, 다 먹지도 못하고 남겼다. 오늘도 내 의지와 달리 먹거리를 보면 또다시 식탐이 일어날 수 있겠지만, 꼭 필요한 것만 사겠다는 다짐을 하고 월마트에 들어갔다. 하지만 아무리 참으려고 해도 음식만 보면 군침이 돌았다. 결국, 식탐이 발동하고, 눈길이 가는 대로 먹음직스러운 냉동식품과 빵, 과일을 카트에 쓸어 담았다. 지금도 자전거에 짐이 넘쳐 나는데, 이것들을 어떻게 다 실을까 걱정이 될 정도였다. 그러나 그런 걱정은 기우. 신기하게도 짐가방에 쑤셔 넣으니 다 들어갔다. 다 먹어도 좋다는 신의 계시가 아닐까 싶다. 황금에 눈먼 사람들이 몰렸다는, 그래서 피로 물든 전설의 이상향, 엘도라도에서 나는 식탐에 눈이 멀었다. 한 끼 저녁 식사로 무려 3인분인 소고기와 소시지, 토스트 그리고 라면 2개를

3피트 규칙feet rule을 안내하는 도로표지판이 세워져 있었지만, 이곳에서도 법을 지키지 않는 사람이 있었다.
미국 중부지역으로 들어오니 웜샤워 멤버가 많지 않았다. 오늘은 쓸쓸히 RV캠핑장 한 구석에 텐트를 쳤다.

먹었다. 너무 배가 불러서 잠을 잘 수가 없었다. 캠핑장내 곳곳을 쏘다니며 소화시켜야 했다. 그런데도 자전거 여행을 하면 몸무게가 끝없이 빠진다. 정신적 스트레스를 받지 않고, 온종일 운동만 하니 거의 아프리카 난민 수준으로 몸이 말라간다. 며칠 전에 체중을 재어보니 52kg이었다. 한국에서보다 5kg이나 줄었다.

51 일차 El Dorado – Benedict

숙소 미국인 가정집 | 거리 112km | 누적 거리 3,608km

트레일러는 무서워…

이곳의 트랜스아메리카 트레일 주변은 붕괴되어 가는 농촌 마을의 풍경을 적나라하게 보여주었다. 문을 닫은 주유소가 곳곳에 널려 있었고, 모텔도 폐허가 된 채 방치되어 있었다. 또한 인적이 드물어서 초원에 누워 있는 소들만 무심한 눈길을 나에게 보냈다. 미국 체류 2달 가까이 되지만, 아

가끔 중국 뷔페음식점이 눈에 띄었지만, 사전에 어디에 있는지 알지 못하니 그곳에서 식사하기 어려웠다. 식사비는 대략 6~10달러 정도였다.

직 누구한테서 싫은 소리를 듣거나, 그들의 언짢은 행동으로 마음이 상한 적이 없다. 미국인들은 심성이 착하기도 하지만, 자신의 이익에 크게 훼손이 가지 않으면, 굳이 다른 사람의 일에 간섭하지 않으려는 성격을 지닌 것 같았다. 미국 농촌은 마을 자체가 형성되지 않았고, 광활한 땅에 널찍널찍하게 집을 짓고 혼자 살고 있는데, 좋고 싫음을 떠나서 멀리 떨어져 있는 이웃의 일에 간섭할 마음이 나지 않을 것이다. 그래서 카페café나 잡화점country store에 들어가 보면 몇 명이 옹기종기 모여서, 세상 돌아가는 이야기를 나누는 것을 종종 볼 수 있다.

이제 캔자스와도 작별할 시간이 가까워져온 듯, 끝없이 펼쳐지던 대평원은 끝나가고 도로 주변은 제주도 중산간처럼 굴곡진 초원의 분위기로 바뀌고 있었다. 미주리 주는 어떤 모습으로 나를 반길까? 오늘 묵을 도시는 인구 150여 명의 베네딕트 Benedict이다. 그곳에 자전거 여행자를 위한 교회가 있다고 해서 찾아갔다. 어제 전화로 대략의 도착시각을 알려 주었더니 구멍가게Public Store를 운영하는 '조'Joe가 가게 앞에 나와 있었다. 그와 함께 무료 숙소인 교회로 갔다. 허름하기 이를 데 없는 낡은 건물이었다. 교회에 수돗물이 나오지 않는다며, '조'는 자기 집으로 가자고 한다. 나로서는 마다할 이유가 없다. 그의 집은 교회 바로 옆에 있었다. 10여 년 전에 부인과 사별한 그의 집으로 들어가니 홀아비 냄새가 물씬 났다. 목욕 욕조tub의 수도꼭지가 고장 나서, 싱크대에서 물을 길어와서 욕조에 물을 붓고 샤워를 했다. 나는 그동안 이런저런 불편한 환경에서도 마다하지 않고 잠을 잤지만, 여기서는 단 하룻밤 정도만 지낼 수 있을 것 같다. 그 이상은 견디기 쉽지 않을, 정신 산란한 분위기였다. 그래도 그는 정성껏 저녁 식사를 차려 주었다.

52일차 Benedict – Chanute

숙소 웜샤워 하우스 거리 33km 누적 거리 3,641km

잉꼬부부

'조'Joe를 마을 공동 가게를 운영하는 74세 노인으로만 알았는데, 유대인 교회 목사Pastor였다. 젊었을 때는 배관공이었지만, 지금은 신도 5명 정도의 소형 교회를 이끌고 있었다. 식사 전 감사기도를 하면서, 고맙게도 나의 안전한 자전거 여행을 위한 기도문을 아주 길게 해 주었다.

교회 목사인 '조'Joe는 오바마 정부의 정책에 대해서 신랄하게 비판하는 보수주의자였지만, 자신의 게스트에게는 깍듯하고 친절했다.

다시 기온이 뚝 떨어졌다. 아침 일곱 시부터 열 시 반까지, 세 시간 반 동안 채누트Chanute를 향해서 주행한 33km는 다른 날보다 곱절은 더 힘이 들었다. 북북동풍 맞바람은 내 옆구리에 무수한 바람 폭탄을 터뜨렸다. 게다가 39번 도로를 동네 마실 다니는 길 정도로 얕보았다가 아주 혼쭐났다. 39번 도로는 왕복 2차선에 불과했지만, 생각보다 훨씬 많은 차가 엄청난 속도로 달리는 미국의 아우토반이었다.

체누트에 도착하자마자 웜샤워 호스트인 '스칼라'에게 오후 4시경에 방문하겠다는 전화를 했다. 그녀는 남편 '마이크'와 함께 한적한 동네의 고급스러운 주택에서 살고 있었다. 집안 장식을 너무 예쁘게 꾸며 놓아서, 내가 혹시 깨끗한 남의 집을 어지럽히는 게 아닐까 우려할 정도였다. 21살과 20살의 어린 나이에 결혼해서 올해로 결혼 36주년이 되었다는 '마이크' 부부는 아직도 여전히 닭살 돋는 잉꼬 커플이었다. 부인이 이야기하면, 남편은 그윽하고 애정이 어린 눈길을 그녀에게서 떼지 않고, 시종일관 고개를 끄덕이며 맞장구 쳐주었다. 적지 않은 미국의 호스트 집에 머물러 보았지만, 이들 부부처럼 처음 결혼 상대와 헤어지지 않고 사는 경우가 많지 않았다. 이들 부부의 행복과 백년해로를 위해서 건배를 제의했다.

금융회사에 다니는 마이크와 그의 부인 스칼라는 나에게 많은 질문을 했다. 며칠 전에 부부의 웜샤워 프로필을 보고 이들이 대화를 즐긴다는 사실을 알고 나름으로 준비를 했지만, 영어로 우리의 전통문화라든지 생활 방식을 의도한 대로 설명하기가 쉽지 않았다. 앞으로의 의미 있는 여행을 위해서 한국 문화를 소개하는 영문책자를 구하든지, 아니면 직접 영어로 설명할 수 있는 실력을 배양해야겠구나 싶다. '스칼라'는 모두 다섯 명

미국 금융회사의 이사인 '마이크'는 결혼한 지 36년이 지났지만, 아직도 대단한 애처가였다. 부인에 대한 애정표현에 스스럼이 없었다.

의 웜샤워 게스트가 자기 집에 온다고 그들의 저녁 식사까지 준비했다. 하지만 나 말고는 아무도 오지 않았다. 두 명은 다른 사정이 있어서 다음 주 화요일에 온다는 메일을 보내왔지만, 음식이 남은 것은 어쩔 도리가 없었다. 같은 라이더로서 그녀에게 미안하기 이를 데 없었다.

53일차 Chanute – Pittsburgh

숙소 Lincoln Park 캠핑장 거리 97km 누적 거리 3,738km

자전거를 수리하다.

오늘의 목적지는 캔자스의 피츠버그Pittsburgh이다. 채누트에서 남쪽으로 10여 킬로미터 내려가니 160번 도로가 나왔다. 그 도로에는 트럭이 다닐 수 없다는 표지판이 있었다. 법을 어기면 벌금이 500달러였다. 트레일러가 다니지 않는 도로에서는 내가 왕이다. 스트레스 받지 않고 마음 놓고 주행할 수 있다고 생각하니, 절로 신바람이 났다. 라이딩하는 도중에 문득 '마이크'가 한 이야기가 떠올랐다. 그는 내게 오자크 고원Ozark Plateau에 대해서 들어본 적이 있는지 물었다. 대충은 알고 있어서 고개를 끄덕였다. 걱정스러운 표정으로 언덕의 높낮이가 표시된 지도를 가져와서 보여주며, 그렇게 높지는 않지만, 무수히 많은 고개가 나를 괴롭힐 거라는 정보를 주었다. 로키산맥도 넘었는데 그까짓 자잘한 언덕을 못 넘을까 싶어서 그의 이야기를 건성으로 흘려 들었다. 라이딩 중간에 휴식을 취하며 모험자전거협회ACA의 고저도 지도를 살펴보니, 절대 쉽지 않은 고갯길이라는 생각이 들었다. 건너편 차선으로 자전거 두 대가 스르르 내려고 오고 있었다. 요크타운Yorktown에서 출발한 영국인 '롭'Rob부부(55세, 52세)였다. 비록

캔자스 146번 지방도로와 노스North 90번 도로가 만나는 교차로에 임마뉴엘 루터런 교회가 있다. 이 교회는 자전거 여행자에게 무료 숙박을 제공한다.

나와는 방향이 반대였지만, 오랜만에 자전거 여행자를 만나니 흥분이 쉽게 가라앉지 않았다. 언어는 침묵이 있어야, 의미가 깊어진다고 하지 않던가. 이럴 때는 얼마나 오래 대화하느냐가 중요하지 않다. 갈 길이 먼 우리는 서로의 귀중한 시간을 빼앗을 수 없다. 서로에게 바라는 바를 잘 알기에, 눈빛과 표정만으로도 많은 대화를 나눌 수 있다. 몇 가지 궁금한 사항만 물어보고, 이메일을 교환했다. 다시 만날 날을 기약했지만, 우리는 그것을 믿지 않았다. 지금 헤어지면 다음을 기약할 수 없다는 것을 잘 알기 때문이다. 서로의 안전한 여행을 기원하며, 제 갈 길로 떠나갔다.

영국 런던에서 왔다는 롭Rob부부를 만났다. 오랜만에 만나는 자전거 여행 동지라서 무척 반가웠다.

뉴턴 바이크샵Newton Bike Shop의 '마이클'의 이야기가 맞았다. 애써 무시하려고 해도 비비BB에서 발생하는 뚝뚝거리는 소음과 진동이 심상치 않았다. 오자크 고원에 들어가기 전에 자전거를 수리해야지, 그렇지 않으면 호미로 막을 걸 가래로도 막지 못하는 상황이 올 수도 있을 것 같았다. 중국 음식점에서 와이파이 신호를 잡아서 피츠버그의 자전거 가게인 테일윈드 사이클리스트Tailwind Cyclist 를 찾

내 자전거가 더는 주행할 수 없다는 진단을 받고 수술대에 걸려 있다. 이번에는 바텀 브라켓 BB에 문제가 있었다.

아갔다. 내 자전거는 벌써 4번째 수술대에 올랐다. 미국 중서부의 대평원을 가르며 바퀴가 굴러갈 때는 야생마 같았던 자전거가 수술대에 오르니, 마치 병원 침대에 드러누운 환자와 다를 바가 없었다. 미케닉은 비비를 점검하더니, 더 이상은 주행할 수 없는 상태라는 진단을 내렸다. 엎친 데 덮친다고, 바로 20여 분 전에 속도계가 브라켓에서 이탈해 바큇살에 걸리면서, 배선이 끊어져 버렸다. 다행히 실력 있는 집도의의 정성으로 예전의 건강한 모습을 되찾을 수 있었다. 수술을 무사히 마친 나의 애마는 다시 달리고 싶다고 외치는 것 같았다. 앞으로 자전거에 더 많은 관심을 갖고 사랑하며 아끼면서, 미국 대륙횡단 여정을 무사히 끝마치고 싶다. 그런데 자전거가 아프면 내가 돌보면 되지만, 내가 아프면 누가 나를 돌보아주나?

POWERA

PART 6

미주리

Missouri

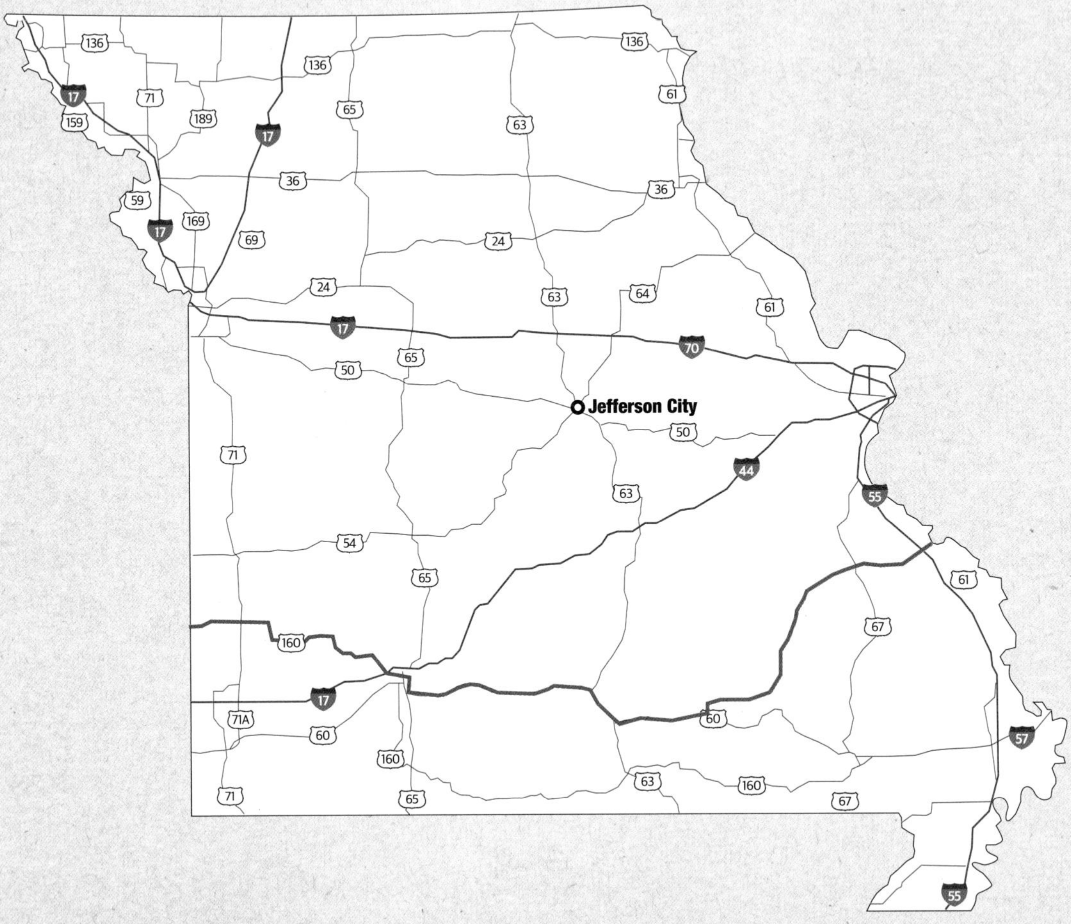
Jefferson City
136
136
136
17
71
189
159
17
65
63
61
36
36
59
17
169
69
24
24
63
64
61
17
70
65
50
50
71
44
63
55
54
65
61
67
160
17
71A
60
60
57
160
63
160
67
71
65
55

이동 경로

54일차 Pittsburgh – Everton

숙소 주점 주차장 거리 97km 누적 거리 3,835km

미주리에는 갓길이 없다.

60평생을 찌개, 국 같은 습식음식에 익숙해져 있다가, 끼니때마다 스테이크와 햄버거 같은 건식음식을 먹으려니 가끔은 목 넘김이 어려울 때가 있었다. 오늘 아침도 그랬다. 그래서 번뜩이는 아이디어로 나만의 레시피를 개발했다. 한국에서 가져온 오뚜기 라면과 미국 현지의 싱거운 라면을 함께 넣어서 끓이고 거기에 굵은 소시지 4개와 햄을 집어넣었다. 양이 그 정도는 되어야 배고픈 라이더의 허기를 달랠 수 있다. 라면을 먹다가 김치와 노란 무가 생각날 때 소시지를 먹으니 그런대로 괜찮았다. 간밤에 추워서 움츠러들었던 몸이 펴지는 듯했다.

여섯 번째 주인 미주리에 입성했다. 이곳에서는 특이하게 도로 번호가 아라비아 숫자가 아닌 A, B, C 등 로마자 알파벳이었다. 더 놀라운 것은 갓길이 없었다. 미국 횡단 자전거 여행자들은 이구동성으로 미주리 운전자를 최악으로 꼽는다. 그 이유는 바로 갓길이 없어서 그런 것이 아닐까 싶었다. 그나저나 하루 열 시간 정도를 도로 위에 있어야 하는데, 최소한의 보호구역인 갓길이 없으니 엄청난 스트레스를 받을 것 같다. 만약에 좁은 도로에 트레일러라도 거칠게 달려오면… 상상만 해도 끔찍하다. 이럴 때는 상체를 납작 엎드리지 않으면 쿵 하는 충격과 함께 몸이 뒤로 젖혀진다. 간혹 딴데 정신이 팔렸으면 몸이 자전거와 함께 균형을 잃고 통제를 벗어나기도 하는데, 순간적으로 머리털 사이사이로 식은땀이 돋는다.

미주리에 들어오니 캔자스의 대평원과는 확연히 풍경이 달랐다. 더는 평평한 지형은 보이지 않고 종이를 마구 구겨 놓은 것 같은 울퉁불퉁한 지형

미주리는 아라비아 숫자 대신에 로마자 알파벳으로 도로번호를 표기했다.

이 나타났다. 게다가 짧지만 가파른 오르막이 일렬로 늘어서서, 내가 오기를 기다리고 있었다. 높지 않은 언덕길은 쏜살같이 내려갔다가 탄력을 받아서 재빨리 치고 올라갈 수 있다. 하지만 앞으로도 이런 롤러코스터 같은 지형이 적어도 일주일은 이어질 텐데, 지금처럼 끝까지 재미있어할지 두고 볼 일이다.

미주리 주에는 자잘한 언덕이 많았다. 이런 오르막길에서 트럭 운전자들은 나를 추월하지 않고 내 뒤를 졸졸 따라 왔다. 나 때문에 그들이 서행한다고 생각하니 마음이 급해지고 덩달아 무리하게 페달을 밟게 되었다.

이름 모를 숱한 고개를 넘어오다 보니, 오늘 밤은 어디에서 숙박할지가 걱정이 되었다. 길가의 광고판을 보고 숙박농장에 전화했지만 받지 않았다. 무작정 길가에 인접한 카페에 들어갔다. 퇴폐적 분위기의 실내에 일단의 사람들이 맥주를 마시며 당구 치고 있었다. 이곳에 텐트를 쳐도 좋은지 물어보니, 가게 뒤편 아무 곳에나 치라고 시원스럽게 대답해 주었다. 두리번거리며 장소를 물색한 끝에 전기 콘센트가 있는 주차장 한 귀퉁이에 터를 잡았다. 오전에는 추웠던 날씨가, 오후가 되면서 햇살이 강해졌다. 텐트 안은 푹푹 찌듯이 더웠다. 카페 손님들의 왁자지껄한 대화 소리가 밖에서도 들렸다. 남들은 술 마시고 희희낙락하는데, 땀을 주룩주룩 흘리며 대낮에 텐트에 누워 있으려니 처량하다는 생각이 들었다. 하지만 이번 여행을 통해서 돈보다 더 귀중한 삶을 체험하고 사고의 깊이도 깊어져서 세상의 이치를 적지 않게 깨달았다는, 그래서 저들보다 더 많은 것을 가진 정신적 부자라는, 근거 없는 우월감으로 울적한 기분을 떨쳐냈다.

55일차 Everton – Springfield

숙소 웜샤워 하우스 | 거리 49km | 누적 거리 3,884km

미국 도로는 킬링로드

'킬링로드'라는 표현이 무색할 정도로, 미국 도로에는 너무나 많은 동물이 차에 치여 버려져 있었다. 인간처럼 조물주로부터 생명을 부여받은 동물이 길에서 비명횡사한 흔적을 보게 되면 심한 전율이 느껴진다. 로드킬이 많이 발생하는 지역에 생태통로를 충분히 만들면, 이러한 참사를 어느 정도는 예방할 수 있고, 생명존중을 중요한 가치로 여기는 미국인들의 신념과도 일치할 텐데 말이다. 처참한 광경은 시선을 돌려서 피할 수 있지만, 비릿한 사체死體 썩는 냄새는

도로에는 참변을 당한 아르마딜로Armadillo가 무수히 눈에 띄었다. 스페인어로 '갑옷을 걸친 작은 동물'을 의미하는 이들은 텍사스와 멕시코 지방에서 북상하는 습성을 지녔다. 분포지역은 북미의 남부지역부터 남아메리카 아르헨티나까지로 초원과 안개가 끼어 있는 숲이 서식장소이다.

어쩔 도리 없이 폐부 깊숙이 들어온다. 오늘도 견디기 어려운 욕지기가 속에서 울컥 올라왔다.

미국 사람들이 알아듣지 못하는 내 영어발음 중에 도서관Library이 있다. 서너 번 반복해서 발음하고 관련 단어들을 이야기해야 겨우 알아듣는다. 목적지인 스프링필드 Springfield 가는 도중에 윌라드Willard 도서관에 들러서 세수와 양치질을 마쳤다. 며칠 계속 텐트를 치다 보니 평소 깔끔한 체를 하던 나도 위생관념에 소홀해지는 것은 어쩔 수 없었다. 도서관을 나서니 바로 한국 음식점 간판이 보였다. 이렇게 작은 마을에 한국 음식점이 있으리라 전혀 예상치 못했는데, 얼마나 반갑던지 한걸음에 식당 안으로 뛰어들어갔다. 여주인은 반갑게 나를 맞아 주었지만, 곧 실망하지 않을 수 없었다. 가게 주인만 한국 사람이지, 중국 음식을 팔고 있었다. 사장님과 한국말로 폭풍 수다를 떨며 어떻게 여기까지 왔는지를 신이 나서 설명했다. 사장님은 고맙게도 냉장고에서 자신들이 먹는 한국 음식을 꺼내왔다. 걸신들린 듯 순식간에 공깃밥과 국을 비우고 군만두까지 먹어 치우니, 다시 추가로 음식을 내어 오셨다. 그것마저 게눈 감추듯이 폭풍 흡입했다. 포만감이 전신에 퍼지고 더는 먹을 수 없는 상태가 돼서야 숟가락을 내려놓았다. 음식값을 계산하려고 계산대에 갔지만, 지금까지 한국 사람에게 식사비를 받은 적이 없다고 고집을 부리니 어쩔 수가 없었다. 오늘만큼 한국인이라는 게 뿌듯한 적이 없다.

부부가 변호사인 호스트 '드와이트'는 자동차로 나를 스프링필드 Springfield 외곽의 그들 별장으로 데리고 갔다. 아주 근사하게 지은 별장이었다. 놀랍게도 그는 냉장고에서 김치 두 병을 꺼내왔다. 하나는 시내의 한국마트에서 산 것이고, 다른 하나는 본인이 직접 담근 것이다. 몇 년 전에 중국과 대만을 여행하면서 그때 처음 김치 맛을 보고, 김치의 매력에 푹 빠졌다고 한다. 그가 만든 김치에 무슨 양념을 넣었는지 조금 시큼한 맛이 났지만, 맛있다는 칭찬을 아끼지 않았다. 그가 담근 김치 때문인지 밤새 속이 부글부글 끓어오른 탓에 화장실을 들락거려야 했다.

'드와이트'부부의 별장에서 잘 숙성된 김치를 먹을 수 있었다. 진심으로 게스트를 배려하는 그들에게 진한 감동을 받았다.

56일차 Springfield
숙소 웜샤워 하우스 **거리** 0km **누적 거리** 3,884km

한식요리를 할 줄 알았으면 좋았을 텐데…

'드와이트'는 나를 놀라게 하는 재주가 있었다. 그의 입에서 놀랍게도 '파전'이라는 한국말이 나왔다. 아침 식사로 미국 사람이 한국인인 나에게 '전'을 부쳐주었다. 부부는 젓가락질도 곧잘 했다. 한국과 한국문화를 이해하려는 그들이 신기하고 고마웠다. '드와이트'는 친구 3명과 인근의 야산으로 라이딩을 나가면서 나에게 같이 가자고 제안했지만, 휴식이 필요하다며 거절했다. 모두 외출하고, 인터넷도 안 되는 텅 빈 별장에서 노트북에 다운 받아둔 영화를 보다가, TV로 날씨방송을 보다가, 할 일 없이 빈둥거리며 반나절을 보냈다.

라이딩하고 돌아온 '드와이트' 부부와 스프링필드 시내의 한국 음식점을 찾아갔다. 그들은 아직 본격적으로 한식을 먹어본 경험이 없었다. 한국 식당에서는 내가 호스트 노릇을 했다. 그들도 나를 따라서 김치찌개를 주문했지만, 신 김치의 강한 맛에

휴일을 맞아서 '드와이트' 부부는 지인들과 인근의 야산으로 라이딩을 나갔다.

처음에는 조금 어색해하더니 이내 국물까지 남김없이 먹었다. 나 역시 두 달 만에 김치찌개를 먹으니, 한국 사람은 우리의 음식을 먹어야 힘이 나고 정서적으로도 안정되는 것을 느꼈다. 다음으로 드와이트 부부가 나를 안내한 곳은 한국식품점이었다. 진열장에 전시된 각종 한식재료를 보면서 내가 한 끼 식사라도 그들에게 우리의 전통 음식을 요리해 주면 좋을 텐데, 그걸 못하니 그렇게 아쉬울 수가 없었다. 웜샤워 가정에 하루만 묵는다면 한국 음식을 대접할 기회가 없지만, 오늘처럼 이틀을 묵으면 한 끼 정도는 그들을 대접하는 게 도리가 아닐까 싶다. 한국으로 돌아가면 잊지 말고 쉽게 할 수 있는 한식 요리부터 배워야겠다.

57일차 Springfield - Mountain grove

숙소 모텔 거리 91km 누적 거리 3,975km

또다시 토네이도!

'드와이트'의 별장을 나와서 60번 고속도로를 타야 하는데 그만 길을 잃고 말았다. 이런 불상사를 막으려고 어제 그들과 스프링필드 시내로 나들이 갈 때 눈을 크게 뜨고 어느 길로, 어떻게 가는지 기억하려고 무진 애를 썼다. 그뿐만이 아니었다. 저녁에는 지도를 보면서 도상 이미지 주행까지 했는데도 밤사이에 그걸 다 잊어버렸다. 생전 처음인 곳에서 길을 잃었으니, 현지 주민에게 물어볼 수밖에 도리가 없었다. 손을 들어 지나가는 차를 세우려고 했지만, 몰인정한 운전자들은 조금의 움찔거림도 없이, 가던 속도를 줄이지 않고 그냥 지나갔다. 이런 걸 보면 운전자들의 친절이란 나라의 품격과 상관이 없고, 개인의 인성에 달린 것 같았다.

언덕 루트Hilly Route인 트랜스아메리카 트레일은 자연 그대로의 상태에서 도로만 포장했다. 그러니 자연경관은 훌륭하지만, 노면의 업·다운이 심했다. 나처럼 무거운 짐을 매달고 다니는 자전거 여행자에게는 독이나 다름없다. 반면에 고속도로는 지반 토목공사를 해서 바닥을 고르기 때문에, 거의 경사를 느끼지 못할 정도이다. 대신 지나다니는 많은 차량으로 인해서 정신이 하나도 없다. 오늘은 고속도로를 달리지만, 내일부터는 오자크 고원 Ozark Mountains과 정면 승부를 겨룰 계획이다. 주행 중에 확인해 보니, '드와이트'로부터 메시지가 와 있었다. 내가 지나가는 지역에 토네이도 경보가 내렸단다.

토네이도라! 어떤 천재지변이 닥칠지 모르는데도, 자전거 여행자는 페달만 밟는다. 부근에 토네이도 경보가 내렸다는 것만 알지, 구체적으로 어느

1박 2일간 부부의 별장에 머물다가 출발하기 전에 이들과 마지막 아침 식사를 했다.

지역이 위험한지 모른다. 게다가 무거운 짐 때문에 몸이 자유롭지 못하다. 그렇다고 짐을 땅바닥에 버리고 갈 수도 없다. 이런 상황이라면 누구라도 무섭지 않을까? 나는 뼛속까지 무섭다. 여행이고 뭐고 집어치우고, 집으로 돌아가고 싶을 정도이다. 마운틴그로브 시내로 들어섰다. 지나가는 차 안에서 나를 보고 토네이도가 오고 있으니 조심하라고 일러 주었다. 또다시 토네이도에 대한 두려움이 나를 감쌌다. 거기에다가 남쪽에서 시커먼 먹구름이 몰려오고 있어서, 한시가 급하게 숙소를 잡아야 했다. 다행히 멀지 않은 곳에 모텔이 있어서 체크인 수속을 마쳤다. 건물 밖으로 나오니 엄청난 폭우가 쏟아지고 있었다. 조금만 늦게 도착했더라면 비까지 흠뻑 맞을 뻔했다. TV를 켜니 온통 토네이도 이야기뿐이다. 놀랍게도 오늘 토네이도는 바로 지척에서 발생했다. 내가 묵고 있는 곳에서 남쪽 10km 지점에 터치다운 했다고 한다.

58일차 Mountain grove – Eminence

숙소 모텔 거리 103km 누적 거리 4,078km

오자크 고원과의 만남 그리고 무뎌진 얼굴 피부감각

공포의 10km 구간이었다. 어제 스프링필드에서 마운틴 그로브까지의 60번 고속도로는 갓길로 주행하는 데 전혀 문제가 없었다. 하지만 오늘 아침, 마운틴 그로브에서 동쪽으로 가는 갓길로 도저히 자전거를 탈 수 없는 상태였다. 도로포장이 산산조각으로 깨져 있어서 펑크가 우려되고, 자전거에도 심각한 손상을 줄 수 있는 상황이었다. 그러나 나는 이미 고속도로에 들어와 있었다. 되돌아가자니 위험천만한 역주행이 될테고, 직진하자니 험악하게 달리는 대형차들과 친구가 되어야 한다. 인근의 자세한 도로정보를 얻으려고 구글맵을 켰다. 가까이에 출구가 있기를 간절히 기도했건만, 없었다. 그럼 나는 어떤 선택을 해야 하나? 선택의 여지가 없었다. 위험천만한, 정말이지 목숨을 내놓은 것과 같은 고속도로의 차도로 라이딩할 수밖에 없었다. 왕복 4차선 고속도로의 끝 차선을 따라서 10여 분간 절대로 해서는 안 되는 주행을 했다. 내 옆으로 소형차부터 항공모함만 한 대형 트레일러까지 지나갔다. 그나마 오늘까지 미국 현충일 연휴라서 차량통행이 잦지 않았던 게 천운이었다.

양쪽 광대뼈 부근의 얼굴 피부가 뾰쪽한 바늘로 찔리는 느낌이 들었다. 만져 보면 발 뒤꿈치의 둔한 피부처럼 감촉이 거의 느껴지지 않았다. 내 얼굴을 만지는 것 같지가 않았다. 아침과 점심, 매일 하루에 두 번 진하게 선크림을 발라서 피부 부작용이 생긴 듯했다. 두메산골에 약국이 없으니, 큰 도시에 도착할 때까지 참아야 했다. 호스트 '드와이트'에 따르면 미주리에는 차량 운전자들로부터 트랜스아메리카 트레일을 이용하는 자전거 라이

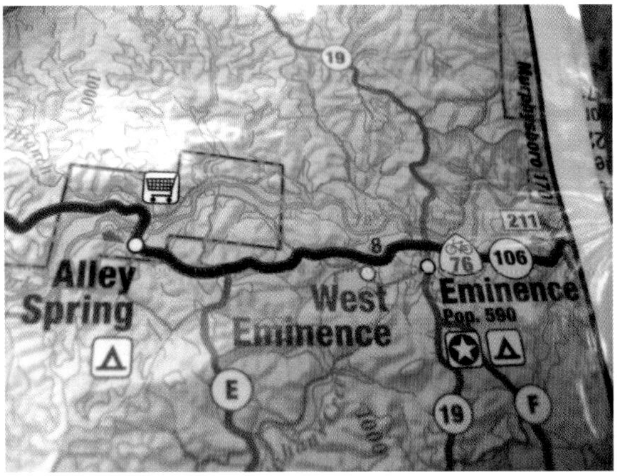

ACA지도는 앨리 스프링Alley Spring에는 식료품점과 텐트장이 있고, 인구 590명의 에미넌스Eminence는 음식점과 식품점, 편의점, 우체국, 모텔, 텐트사이트, 자전거 가게 등 자전거 여행자에게 필요한 시설과 서비스가 있다는 것을 알려주고 있다.

더를 보호하는 법이 있다고 한다. 그것 때문인지 운전자들이 아주 신중하게 나를 추월한다고 느낄 수 있었다. 오늘 하루만 놓고 보면 그들에 대한 평가를 다시 해야 할 정도로 자전거 친화적인 사람들이었다.

간밤에 제대로 자지 못해서 몸 컨디션이 좋지 않다고 투덜댔지만, 오자크 고원Ozark mountains은 이런 나태한 생각을 하는 나를 그냥 두지 않았다. 잠시 내리막을 보여주다가 이내 3단 또는 4단 언덕으로 나의 앞길을 가로막았다. 평평한 대평원처럼 심심하다고 느낄 겨를이 없었다. 목적지를 10여 킬로미터 남기고, 모험자전거협회 지도의 고저도 만으로도 내 가슴을 벌렁거리게 하였던 업힐 구간이 드디어 눈앞에 나타났다. 천천히 한 바퀴, 한 바퀴 페달을 밟기 시작했지만, 얼마 지나지 않아서 제대로 임자 만났다는 것을 깨달았다. 오늘의 주행거리가 100km에 육박하고 있어서 피곤한 것

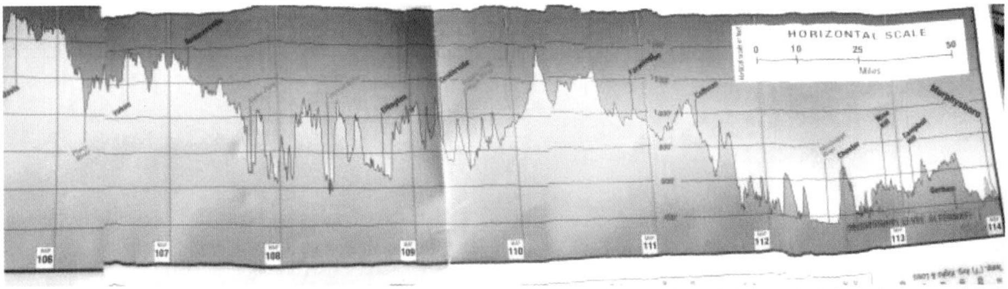

ACA 지도 뒷면에는 고저도가 있다. 매일 아침 주행을 시작하기 전에 그날의 일정을 계획하고 라이딩의 난이도를 예측할 때 많은 도움이 된다.

은 문제가 되지 않았다. 이 구간은 지금까지의 고개들과는 경사도의 차원이 달랐다. 숨이 턱까지 차올랐다. 두 다리에 많은 힘을 주다 보니 사지四肢와 허리가 심하게 고통스러웠다. 바퀴는 이쯤에서 쉬고 싶다는 듯 땅바닥에서 바짝 붙어서 구르려고 하지 않았다. 멈추려고 하는 바퀴를 굴러가게 하려니 숨이 거칠고 가빠졌다. 깊은 호흡으로 숨을 조절할 필요가 있었다. 헉헉대는 흉식호흡을, 길고 깊은 복식호흡으로 바꾸었다. 로키산맥을 오를 때도 끌바(자전거를 타지 않고 끌고 가는 것) 하지 않았다는 오기 하나로 버티며, 정상에 두 바퀴를 올려놓았다. 오늘은 내가 이겼다. 체력안배의 승리였다. 하지만 내일은 장담하지 못하겠다. 미국을 자전거로 건넜다는 족적을 남기려고 온 이번 여행이 어느새 체력운동으로 바뀌었다. 이렇게 힘들 줄 몰랐다. 마魔의 오자크 고원을 벗어나려면 아직도 사흘이나 더 남았다고 생각하니, 기운이 쪽 빠졌다.

59일차 Eminence – Centerville

숙소 모텔 거리 67km 누적 거리 4,145km

고통과 쾌락은 두 지붕 한 가족

서두른다고 될 일은 아니지만 초조함은 어찌할 수가 없었다. 오자크 고원을 벗어나려면 앞으로도 서울에서 김천까지의 거리를 더 가야 한다고 생각하니, 수목樹木의 바다에 갇혀 있다는 느낌이 들었다. 하지만 내 생애에 이런 경험을 언제 다시 해보랴 싶다. 심적 좌절상황에서도 앞으로 두 번 다시 만날 수 없는, 엑사이팅EXCITING한 고갯길을 경험하고 있다는 긍정적인 생각을 가지려고 부단히 노력했다. 내가 아는 한 내 성격은 솔직히

오자크 국립경관강길 Ozark National Scenic Riverways은 울창한 수목으로 둘러싸여 있어서, 간만에 눈이 시원하고 가슴이 상쾌했다.

심약하다. 피치 못할 사정으로 한 번이라도 예외를 만들면, 앞으로 어느 선까지 무너질지 몰라서 절대 예외를 만들려 하지 않았다. 언덕의 경사도에 기가 질려서 자전거를 끌고 가고 싶지만, 한 번의 예외가 어떤 결과를 초래할지 몰라서 두려웠다. 그래서 이미 전진을 포기한 거나 다름없는 속도였지만, 자전거 바퀴를 죽으라고 돌렸다. 이러다가 내 무릎도 무릎이지만, 자전거에 탈이 나지 않을까 걱정이었다. 고통과 쾌락은 두 지붕 한 가족인 듯했다. 정상에 올라서니 고통은 슬그머니 사라지고 희열만 남았다.

다시 생각해 보았다. 내가 안장에서 내리지 않고 끝까지 자전거를 타고 가야만 하는 이유가 있는 걸까? 오로지 내 두 발로 바퀴를 돌려서 횡단해야 하는 역사적 사명을 띠고 이 땅에 온 것일까? 아니라면 결론은 간단하

버터플라이 인Butterfly Inn은 숙박요금이 이렇게 싸도 될까 싶을 정도로 저렴했다. 주인은 주한 미군으로 부산에서 근무했다.

미국 대부분의 주에는 '고속도로입양제도'Adopt-A-Highway가 있다. 이 제도는 개인이나 단체에서 고속도로 일부분을 맡아서 도로 주변의 빈 깡통이나, 휴지 등을 청소하는 봉사활동이다. 요즘은 우리나라의 일부 지자체에서도 시행하고 있는데, 1984년에 텍사스의 제임스 에반스James Evans가 처음 전개한 캠페인이다.

다. 저 앞의 깔딱고개는 망설이지 말고 안장에서 내려서 자전거를 끌고 올라가면 된다. 사실 가파른 고개에서는 끌바 역시 고역 중의 고역이다. 굴러갈 때는 한없이 부드러운 자전거가, 끌바를 하려니 바퀴가 땅바닥에 찰싹 달라붙어서 조금도 움직이려고 하지 않는다. 그러니 내 몸무게에 육박하는 봇짐을 자전거에 얹고 한 손은 핸들을 잡고 다른 손은 안장을 잡고 벌떡 서 있는 고갯길을 오르는 것은, 안장 위에 앉아서 오르는 것만큼이나 힘들다. 어쨌든 이러한 이유로 결국 예외를 만들었다. 우려한 대로 한번 예외를 만들고 나니 봇물 터지듯이 예외를 만들고 싶어졌다. 나타나는 고개마다 걷고 싶다고 난리가 났다. 이래서 예외 만들기를 주저했는데, 이제 원칙이 무너졌으니 그때그때 몸과 마음이 하자는 대로 따르는 수밖에 없다.

60일차 Centerville – Farmington

숙소 Al's Place 거리 73km 누적 거리 4,218km

오자크 고원은 내 스타일이 아니었다.

'이런들 어떠하리. 저런들 어떠하리.' 자전거를 끌고 가면 어떻고, 타고 가면 어때서 왜 쓸데없는 것에 집착하는지 모르겠다. 가다가 피곤하면 쉬면 되고, 졸리면 누워서 자면 되는데, 뭐가 그리 바쁘다고 서두르는지 모르겠다. 오늘은 사흘째 오자크 고원을 통과하는 날이다. 오자크는 내 스타일이 아니다. 로키산맥처럼 한 방에 되면 되고, 안 되면 안 되는 거로 끝내면 좋겠는데, 오자크는 사람을 끈질기게 괴롭힌다. 난 그런 게 딱 질색이지만 여기에서도 나는 '갑'이 아니고 '을'일 뿐이다.

오자크 고원을 넘고 넘어서 도착한 파밍턴Farminton시는 자전거 여행자에게 천국이었다. ACA지도에 수록되어 있는 시청 담당자에게 전화해서, 자전거 여행자 숙소의 출입문 비밀번호를 알아냈다. 도서관에서 멀지 않은 곳에, 예전에 교도소로 사용하던 리모델링한 건물이 숙소였다. 출입문의 위치가 애매해서 주변을 기웃거리니, 누군가가 나에게 반갑게 손짓하며 도와주겠다고 왔다. 그렉Greg 이라고 자신을 소개하며, 숙소에 대한 전반적인 설명을 해 주었다. 모든 시설이 완벽하게 갖추어져 있었다. '옥의 티'라면 와이파이가 고장 나서 아직 수리 중인 것뿐이었다. 이곳을 관리하는 또 다른 직원이 와서 침대 커버 등을 벗겨내고 세탁기로 돌렸다. 그와 통성명하다 보니 이름은 버드Bud였고, 나이는 나와 같았다. 그는 그렉Greg이 파밍턴 시장이라고 알려주었다. 그렇다면 바쁜 시장이 머나먼 극동아시아의 작은 나라에서 자전거 여행자가 왔다는 이야기를 듣고 나를 영접하러 온 것이다. 나는 그렇게 해석하고 싶다.

파밍턴 시는 예전에 교도소였던 건물을 리모델링해서 자전거 여행자들을 위한 숙소로 제공했다. 나이 60세의 '버드'Bud는 이곳의 관리인이다.

숙소에 자전거 여행자 2명이 추가로 입실했다. 같은 숙소에 묵는 최초의 여행자들이라서 무척이나 반가웠다. 이 둘은, 요크타운Yorktown을 이틀 먼저 출발한 미국 청년 '대니엘'Daniel(27세)을 영국 젊은이 '제임스'James(37세)가 따라잡으면서, 동행이 되었다. '대니엘'의 작은 불만은 '제임스'가 너무 빨리 달리는 것이었다. 평균속도 12~13마일(20km)로 주행한다니 거의 포르쉐 속도였다. 그는 휴식시간을 고려해도 평속 9~10마일(16km)로 간다니, 평속 10km로 가는 나의 1.6배 수준이었다. 그들도 소문을 들었던지, 오자크 고원에 대해서 많이 궁금해했다. 고저도와 숙소정보를 자세히 알려주었다. 그들과 레스토랑에서 저녁 식사하면서 그동안 가졌던 궁금증을 풀었다. 나는 식사비를 현금으로 계산하기 때문에 팁Tip도 현금을 식탁에 올려놓고 나오면 된다. 그렇지만 신용카드로 계산할 때는 어떻게 하는지 알지 못했다. 그런 궁금증은 영국인 '제임스'가 계산서를 한참 바라보며 무엇인가를 계산할 때까지 몰랐다. 속셈을 끝낸 그가 계산서에 숫자를 적어서 신용카드와 함께 종업원에게 건네는 것을 보고, 방금 팁을 계산했다는 것을 알아차렸다.

RIVERSIDE PARK
NO PARKING
HUCKS
ONLY
GLASSES
1399

PART 7

일리노이

Illinois

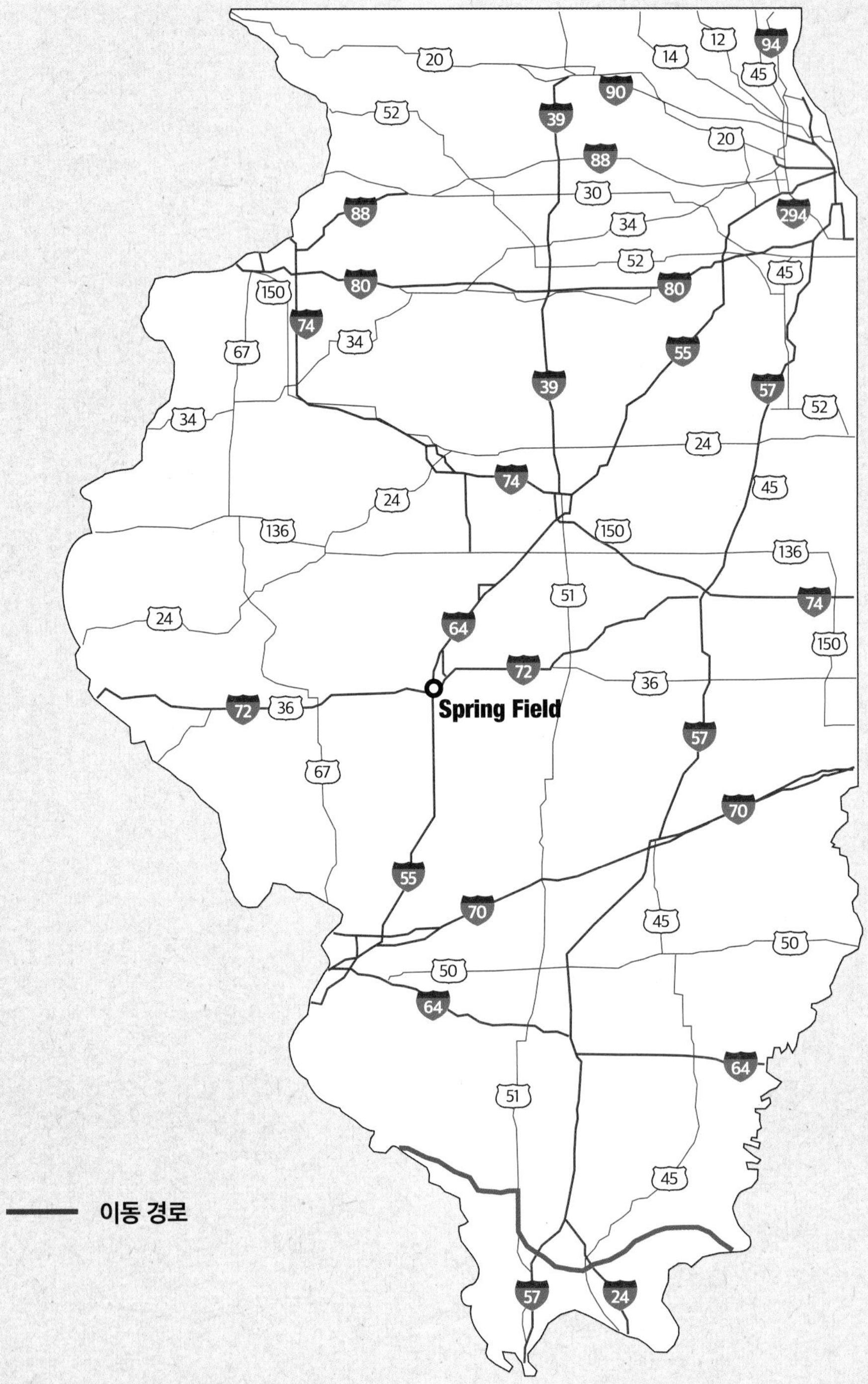
Spring Field
이동 경로
20
14
12
94
45
90
52
39
20
88
30
88
34
294
52
45
80
150
80
74
34
67
55
39
57
34
52
24
74
45
24
150
136
136
51
74
64
24
150
72
36
72
36
57
67
70
55
70
45
50
50
64
64
51
45
57
24

61 일차 Farmington–Chester

숙소 무료 숙소Eagles Bicycle Shack 거리 72km 누적 거리 4,290km

구글맵은 파밍턴에서 목적지 체스터로 가는 두 가지 길을 안내하고 있다. 둘 중에 어느 길로 갈지는 거리와 코스의 고저도, 도로방향과 바람방향을 종합적으로 감안해서 결정한다.

얼굴은 붓고…

"누구냐 너?" 오래전 영화 '올드 보이'에서 배우 최민식이 내뱉던 명대사이다. 나는 오늘 거울을 마주하고 내 앞에 서 있는 사람에게 물었다. "근데 넌 누구냐?" 사흘째 눈물샘이 붓고 광대뼈 부근의 피부가 꺼칠해지면서 벌겋게 부어올랐다. 몰골이 말이 아니게 보기에 흉했다. 선크림 중독으로 판단되어서 어제부터 자외선 차단제를 바르지 않고 두건으로 얼굴을 가리고 있지만, 아직 증상이 호전되지 않았다. 그런데 짐을 잔뜩 실은 자전거에 햇볕을 차단하는 두건으로 얼굴을 감싸고 달리니, 그런 모습이 낯설었는지 이곳 사람들의 눈길이 나한테 집중되었다. 심지어 우는 어린이를 달래려고 부모가 나를 손가락으로 가리키며 도리도리하기까지 했다. 내가 봐도 복면강도가 따로 없다.

영어 안내문을 읽다 보면, 모르는 단어도 있지만, 다 아는 단어라도 해석이 안 될 때가 많다. 관용어구를 많이 사용해서 그런데, 그걸 조목조목 이해하려고 덤벼들면 골치가 아파진다. 그런 문장을 제대로 해석하지 못했다고 미국 횡단을 못 하는 게 아니니, 그냥 무시해 버린다. 아침에 체크아웃을 준비하다가 방문에 붙어 있는 안내문을 우연히 읽어 보았다. 공짜인 줄 알았던 이곳에도 숙박요금이 있었다. 나는 하룻밤 잘 잤으니 기분 좋게 무인요금함에 숙박료를 넣었다. 먼저 출발하는 나를, '대니엘'과 '제임스'가 아침식사를 중단하면서까지 밖으로 나와서 배웅했다. 참으로 착하고, 순수한 젊은이라는 생각이 들었다. 그들도 나를 통해서 한국인을 바라볼 것이므로, 매사 모범이 되는 처신을 했다.

미국 횡단 자전거 여행을 위해서 한국을 떠난 지 오늘로 두 달이 지났다. 오늘은 미주리를 벗어나서, 시카고가 주도州都인 일리노이에 입성한다. 한국에서 인터넷을 통해 들은 평판과는 달리, 미주리의 운전자들이 오히려 다른 주보다 더 자전거 여행자를 배려한다는 것이 내 생각이다. 물론 나를 깜짝 놀라게 했던 운전자도 적지 않았지만, 대다수는 라이더를 존중하며 운전했다. 특히 미주리는 경사 급한 언덕이 적지 않아서 전방이 보이지 않는 경우가 많았지만, 많은 트럭은 뒤에서 천천히 따라오면서 내가 가라는 신호를 보낼 때까지 추월하지 않았다. 아니면 자신들이 백 퍼센트 안전하다고 확신할 때까지 기다렸다.

미시시피 강을 건너 뽀빠이의 고향, 체스터에 도착했다. 그러니까 미주리 주에서 '링컨의 땅'The Land of Lincoln, 일리노이 주로 넘어왔다. 모험자전거협회ACA 지도에서 안내하는 무료 숙소에 전화해서 오늘의 잠자

미국 중부지역을 북에서 남으로 흐르는 전장 6,210km의 미시시피 강을 건너면 바로 뽀빠이의 고향 체스터Chester가 나온다. 미시시피는 '위대한 강'이라는 인디언 말에서 유래했다.

리를 확보했다. 이 지역은 티모바일의 통신 가능지역 밖이라서 인터넷이 작동되지 않았다. 다행히 인터넷 오프라인에 대비해서 미리 스마트폰에 다운로드 받았던 맵스미maps.me앱 지도를 보고 숙소를 찾아갔다. 그곳은 인근 카페에서 관리하는 무료 쉼터였다. 내부에 목제 침대가 놓여 있고 매트리스가 깔렸지만, 청결 상태는 수준 이하였다. 깔끔을 떠는 내가 드러눕기에 적지 않게 부담스러웠다. 다행히 카페Cafe에서 샤워장과 화장실을 제공해서, 다소나마 아쉬움을 달랠 수 있었다.

62일차 Chester

숙소 Eagles Bicycle Shack **거리** 0km **누적 거리** 4,290km

목사님의 도움으로!

아침에 일어나 일단 숙소를 깨끗이 청소하고 출입문 키를 카페에 반납했다. 그리고 노트북만 가지고 도서관으로 향했다. 도서관이 아침 아홉 시에 문을 열 거로 예상했는데, 기대와 달리 오전 열 시에 문을 연다는 안내문이 걸려 있었다. 한 시간을 어떻게 보내야 할지 고민하던 찰나에, 사이클을 타고 지나가던 미국인 라이더가 내게 관심을 표했다. 그에게 상황을 설명하니, 자신을 목사라고 소개하며 자기의 교회에서 인터넷을 사용하라고 제안했다. 내가 묵고 있는 숙소에서 가까운 교회였다. 목사님은 사무실 여직원에게 어떻게 된 상황인지 설명하고, 내 자리를 만들어 주었다. 교회에는 우리나라 부산과 오산의 미군기지에 민간 군무원으로 7년간 근무했던 분이 나를 반갑게 맞아 주었다. 체스터Chester의 무료 숙소를 나름으로 열심히 관리하는 카페에, 늦은 점심이지만 팔아 주려고 들어갔다. 하지만 카페 앞의 광장에서 오늘 오후부터 야시장이 열린다고 지금은 식사를 판매하지 않는단다. 참으로 이웃과 더불어 사는, 남을 배려하는 미국인들이라는 것을 다시 한 번 느낄 수 있었다. 이 분들의 깊은 뜻에 감동해서 다른 식당을 이용하는 것보다 조금 배고픈 것을 참았다가 야시장이 개설되면 그곳에서 식사하려고 일정을 바꾸었다. 이렇게 공복으로 세 시간을 넘게 기다렸다가 저녁 식사했지만, 기쁜 마음으로 공복을 참을 수 있었다.

독수리 공제조합Fraternal Order of Eagles에서 운영하는 무료숙소인 Shady Rest Motel에서 이틀을 묵었다.

야시장에 놀러 온 동네 아이들은 비가 오는데도 개의치 않고 잘 뛰어놀았다. 어린이들은 세계 어느 곳이나 똑같았다.

63일차 Chester – Carbondale

숙소 모텔 거리 66km 누적 거리 4,356km

보고 또 봐도… …

미국인들의 편지나 도로표지판 등에는 내가 뜻을 모르는 단어나 관용어구가 많다. 그럴 때는 길을 가다가도 궁금증을 참지 못하고 얼른 사전을 찾아보지만, 그 기억이 하루를 넘기지 못한다. 다음 날 같은 단어를 봐도 무슨 뜻인지 전혀 기억나지 않는다. 몇 번을 찾아봐야 머릿속에 남을지, 나이가 들면서 자꾸 떨어져 가는 기억력에 한숨만 절로 나온다.

카본데일Carbondale에 도착하면서부터 비가 내리기 시작했다. 배 교수가 예약해 둔 홀리데이인Holiday Inn에 입실해서 그의 가족을 맞을 준비

미주리는 갓길은 없지만 트랜스아메리카 트레일을 따라서 자전거길임을 알려주는 '76' 표지판을 세워 두었다. ACA 지도가 없어도 루트에서 벗어날 염려가 없었다. 하지만 일리노이는 이것도 저것도 없는, 자전거 라이더에 대한 배려가 없는 주州였다. 도로변에 자투리땅이라도 있으면 건성으로 갓길을 좁게 만들어 놓기는 했지만, 그나마 여유 공간이 없으면 그마저도 없었다.

파머스 마켓에 들려서 배 교수에게 선물할 유기농 꿀과 잼을 샀다.

를 했지만, 부인은 동료 교수의 출산 때문에 오지 못했다. 배 교수는 원래 은행원이었다. 내가 지점장 시절에, 우리 지점에 신입직원으로 들어왔다. 그러던 그가 미국으로 MBA 공부하러 갔다가 은행원을 그만두고 그곳 미국 주립대학의 교수가 되었다.

음식점에서 이런저런 미국 교수생활에 관한 이야기를 듣고, 오매불망 그리워했던 한식으로 저녁 식사를 같이했다. 배 교수와의 만남도 잠시였다. 그와도 이별해야 할 시간이 되었다. 학교 일 때문에 다시 4시간 넘게 차를 몰고 가야 하는 그를 마냥 붙잡을 수 없었다.

64일차 Carbondale - Tunnel Hill

숙소 윔샤워 하우스 거리 55km 누적 거리 4,411km

개구쟁이 호스트 애쉬 !

혹시나 때문에 짐은 줄지 않고 늘어만 갔다. 먹을거리는 미국 마트에서 사면되는데, 배 교수가 가져온 햇반, 라면, 고추장 등을 패니어에 담으니 꽉 차서 더는 넣을 공간이 없었다. '혹시나'하는 마음과 '조금 더'하는 욕심을 버려야 하는데, 그게 생각만큼 쉽지 않으니 늘 몸이 고생이다.

구글맵은 휴일을 맞아, 사람들이 곳곳에서 낚시를 즐기는 '국립 야생 동물 보호지구'로 나를 데리고 간 것까지는 좋았는데, 내가 심히 꺼리는 비포장 자갈길로 안내하는 실수를 저질렀다. 차량통행이 적으면 도로포장 상태와 관계없이 아무 길이나 안내해 주는 구글지도는 이용할 수도, 또 안 할 수도 없는 계륵 같은 존재이다. 울퉁불퉁한 자갈길 주행으로 인해서 스트레스를 받으며 가는데 갑자기 공원관리인이 나타났다. 그는 오솔길에 설치된 차단기를 내리면서 더 이상은 갈 수 없다고 나를 막았다. 스마트폰에 깔린 구글지도의 길 안내화면을 보여주며, 이 길로 가야 한다고 우겼지만, 원리원칙을 중요시하는 다른 미국인들처럼 그도 고지식해서 쉽게 물러설 것 같지 않았다. 투덜대며 들어왔던 자갈투성이 도로를 도로 나가려니 끔찍해서 꾀를 냈다. "보다시피 내 자전거는 짐이 잔뜩 실려 있어 자갈길 주행이 힘들고, 타이어가 펑크 날 우려가 있다. 그러니 자연보호구역 입구의 포장도로까지 순찰차에 자전거를 실어달라." 잠시 고민하던 공원관리인 '밥'Bob은 살짝 들기도 힘겨운, 무거운 내 자전거를 통째로 번쩍 들어서 순찰 트럭의 화물칸에 올려놓았다.

배 교수가 나한테 필요한 라면과 바셀린 등을 가져왔다. 부탄가스통도 구했으니 이제는 마음 놓고 라면을 끓여 먹을 수 있게 되었다.

오늘 찾아갈 웜샤워 호스트 '애쉬'는 나를 헛갈리게 하고 있다. 며칠 전에 나를 초대한다는 메일이 와서, 어제는 찾아갈 테니 주소를 알려 달라고 했는데 '아직 오려고 하느냐?'는 뜻밖의 답변을 보내왔다. 그리고는 아침

구글맵이 안내하는 크랩 오차드 호수Crab Orchard lake 안에 있는 노스 울프 크릭 코스North Wolf Creek Rd로 가려는 데 관리원 '밥'Bob이 차단기를 내리며 진로를 막았다.

에 길을 나설 때까지 집 주소를 보내 주지 않았다. 나는 더는 자존심이 상하기 싫어서 오늘 밤 묵을 다른 숙소를 찾아보겠다는 정중한 메일을 보냈더니 그제야 자신의 집 주소를 보내왔다. '왜 그랬을까?' 라는 생각이 머리를 떠나지 않았다.

고어빌에서 터널힐로 가는 도중에 길을 잃었다. 무려 10킬로 넘게 엉뚱한 길로 갔다가 돌아왔다. 그것 때문에 제시간에 터널힐에 도착할 수 없었다. 마주 오던 차량이 갑자기 내 앞에서 속도를 줄였다. 운전자가 왜 그러

'애쉬'의 아버지는 미국 해병대 출신으로 한국전쟁에 참전했다고 한다. '애쉬'는 직설적인 성격으로 말을 가리지 않았지만, 그래도 유머는 있었다.

는지 몰라서 고개를 갸우뚱하니까 “내가 네 호스트야!” 화난 목소리의 첫 마디가 날아왔다. 그는 자기 집이 언덕 위에 있다고 근처에 도착하면 전화하라고 했었다. 카고 트레일러Cargo Trailer에 자전거를 싣고, 1킬로 남짓 자갈길을 달려서 그의 집에 갔다. 30년 전에 자신이 직접 건축한 커다란 통나무 집이었다. 대지는 72에이커(88,000평)라는데 상상이 가지 않는 규모이다. 그와 대화를 나누다 보니 매우 직설적이지만 유머러스한 면도 있었다. 그의 말투와 행동거지를 보니 왜 아리송한 답장을 보냈는지 조금은 이해가 갔다.

65일차 Tunnel Hill - Cave In Rock

숙소 주립공원 캠핑장 거리 83km 누적 거리 4,494km

저렴한 주립공원 캠핑장

호스트 부부는 17년 전에 셋째 딸을 집 앞의 도로에서 교통사고를 잃었다고 덤덤히 이야기했다. 그렇지만 먼저 저세상으로 간 딸의 사진을 아직도 집안 곳곳에 걸어 놓은 걸 보면, 오래전에 잃어버린 자식이라도 잊기가 무척이나 어려운 듯했다. ‘애쉬’와 어제저녁에 이야기를 나누었는데, 그동안 트랙터를 포함해서 자동차 엔진 7개를 분해해서 수리하고 다시 조립했노라고 자랑했다. 설명서만 있으면 못할 게 없다고 자신만만해 하며, 나보고 TV나 PC가 고장 나면 어떻게 하느냐고 물었다. 당연히 A/S센터에 맡긴다는 내 대답에 이해하지 못하겠다는 표정을 보였다. 그를 보니까, 미국 남자들은 웬만한 집안일을 직접 한다는 이야기가 맞는 말인 것 같았다. ‘애쉬’는 미국 해병대 출신이었고, 아직도 터프한 면이 남아 있었다. 그런 그

캠핑카로 놀러 왔다가 저녁 식사자리에 나를 초대한 '마크'Mark. 그는 켄터키 주에도 갓길이 없다는 절망적인 이야기를 들려 주었다.

가 한국의 해병대를 저돌적이고 공격적이라고 평가했다. 그의 아버지도 한국전쟁에 참전한 미 해병대 출신으로, 부대원 절반이 북한의 혹독한 추위 때문에 죽었다고 했다. 아버지로부터 그런 말을 자주 들었는지, '애쉬'는 우리나라의 겨울 날씨를 몹시 궁금해했다.

일리노이는 주 재정이 빈약한 탓인지 몰라도, 다른 주에는 넘쳐나는 도로표지판을 거의 찾아볼 수 없었다. 대부분 사거리에 왼쪽으로 가야 할지 오른쪽으로 가야 할지 안내하는 표지판이 보이지 않으니, 오로지 직감에 의지한 채 주행해야 했다. 텐트 치려고 염두에 두었던 케이브인록Cave-In-Rock 주립공원으로 향했다. 전화로 불러낸 공원 관리직원에게 통나무집Cabin 사용료를 문의하니 99달러를 달라고 한다. 사설 캠핑장RV Resort의 캐빈요금이 45달러였는데, 주립공원이 100달러이라면 너무 많이 부르는 게 아닌가 싶다. 주머니 사정 때문에 오하이오 강이 내려다보이는 강가의 통나무 집에 묵는 것을 포기했다. 다행히 주립공원의 텐트 사이트 중에는 지붕 있는 대피소Shelter가 있었다. 인터넷이 되지 않는 것이 조금 아쉬웠지만, 따뜻한 샤워가 가능하면서 하룻밤 사용요금이 단돈 10달러로 저렴했다.

버지니아에서 오레곤까지 6,800킬로를 텐덤 바이크 (2인용 자전거)로 간다는 밀러Miller부녀. 아버지는 62세이지만 딸은 19세로 늦둥이였다. 부녀가 함께 라이딩 하는 모습을 보니 부러우면서 샘이 났다. 그의 인터넷 홈페이지에 올라와 있는 내 사진과 코멘트이다.

We met our second eastbound cyclist on Gilead Church Road about halfway to Tunnel Hill. Hailing from South Korea, Byung Ok Min was very friendly and talked to us excitedly about his trip from San Francisco to Washington, DC. He had a lot of questions about our "daddy-daughter" adventure. He expects to complete his ride in 4 weeks.

Relation | Bookmark | Edit | 🖶 | Report | Link Rating: (0)

Glamour and Byung Ok Min commemorate meeting on the road to Goreville. Staying almost exclusively with WarmShowers hosts, he's undoubtedly made dozens of new American friends.

66일차 Cave In Rock – Sebree

숙소 교회 **거리** 87km **누적 거리** 4,581km

설마가 사람을 잡을까 ?

세브라Sebree의 제일침례교회 First Baptist Church에서 만난 보스톤 출신의 62세 마크Mark(앞줄 왼쪽)는 척추 수술을 두 번이나 받았는데, 이에 굴하지 않고 버지니아 요크타운에서 오레곤의 아스토리아까지 자전거로 가겠다는 결의가 대단했다.

주립공원의 새소리가 나를 깨웠다. 시간은 우리를 속이는 법이 없다. 절대 오지 않을 것 같았던 6월이 찾아왔다. 이번 여행도 막바지로 치닫고 있지만, 아직 방심은 금물이다. 애팔래치아Appalachia 산맥을 넘는 게 난관으로 남아 있고, 나와 도로를 공유하는 운전자 중에는 난폭한 사람들도 있어서, 한순간도 긴장의 끈을 놓을 수 없는 것이 난제 중의 난제였다. 어제저녁 식사 자리에 나를 초대했던 '마크'는 내가 가려고 계획 중인 켄터키의 경로에는 갓길이 없다고 했다. 그의 말이 믿어지지 않았지만, 아침에 라이딩해 보니 사실이었다. 방어운전? 갓길이 없어서 차도로 가야 하는데, 뒤에서 덮치는 차량에 무슨 뾰족한 수가 있어서 방어적 안전대책을 세울 수 있단 말인가? 지금처럼 '도로공유'Share The Road가 간절한 적은 없다.

설마가 사람을 잡는다는 속담이 떠올랐다. 적어도 미국 사람들은 철저하게 그 말을 믿는 것 같다. 나는 수시로 도로 갓길에 멈춰서 지도를 본다든가, 물을 마시든가 필요한 행동을 한다. 도로 맨 끝의 가장자리에 있으면 크게 위험하지 않을 거라는 생각에서다. 그러나 미국인들은 달랐다. 그들에게는 '설마'라는 단어가 없는 듯했다. 지도를 보려고 짐이 주렁주렁 달린 무거운 자전거를 끌고 도랑으로 내려가는 게 미국인들이다. 그들이 새가슴일까? 절대 그렇지 않을 것이다. 갓길에서의 교통사고는 일어날 확률은 낮지만, 일단 상황이 벌어지면 치명적인 결과를 초래한다. 설마가 사람을 잡을 수 있다는 그들의 안전 제일주의의 정신 자세를 본받아야 하지 않을까 싶다.

오하이오 강을 사이에 두고 일리노이와 켄터키를 연결하는 카페리. 두 주州를 왕래하는 교통량이 많은데도 다리를 놓지 않고 불편하게 배편을 이용하고 있다.

황금을 좇던 서부 개척시대에 산적들이 은신해 있던 바위 동굴인 케이브인록Cave-In-Rock에 굳이 가야 할 필요는 없을 것이다. 별 역사적 의미가 없어 보이는 동굴인데, 마치 대단한 것처럼 온 동네를 도배했다. 이것은 역사가 짧은 미국이 자랑할 만한 문화적 유산이 없는 데서 비롯되지 않았나 싶다. 오하이오 강을 왕래하는 교통량이 적지 않은데, 왜 일리노이와 켄터키를 연결하는 다리를 놓지 않고, 불편하게 페리를 운행할까? 페리를 타고 켄터키로 넘어갔다.

매리언Marion에 있는 연합감리교회United Methodist Church(우측 사진)도 미국을 횡단하는 자전거 여행자에게 무료숙소를 제공한다.

PART 8

켄터키

Kentucky

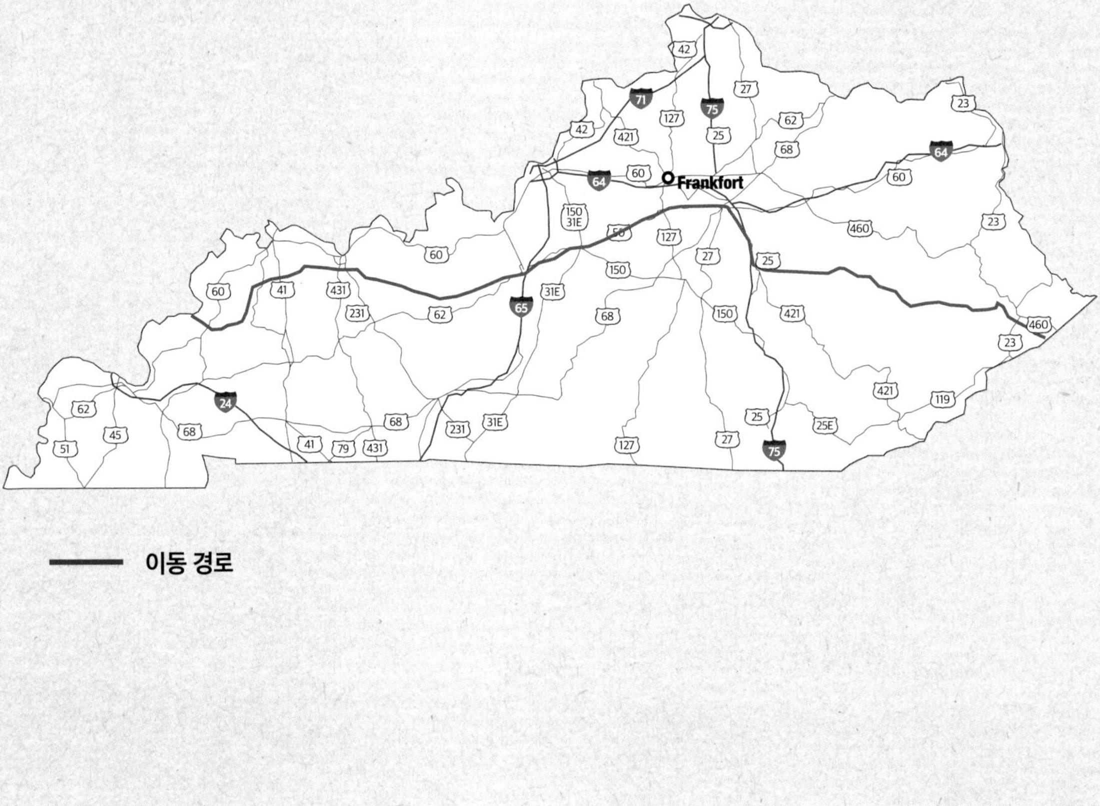
Frankfort
42
71
75
27
127
421
42
25
62
23
68
64
60
64
60
150
31E
50
127
460
23
60
27
25
41
431
150
31E
65
231
62
68
150
421
460
23
62
24
45
68
68
421
119
51
41
79
431
231
31E
25
25E
127
27
75
이동 경로

67일차 **Sebree – Utica**
숙소 Volunteer Fire Department 거리 42km 누적 거리 4,623km

사납고 영리한 켄터키 개

오늘의 숙소는 유티카Utica 의용소방서다. 주립공원에 텐트를 쳐 보기도 하고, 교회에서 자 보기도 하고, 이제는 드디어 관공서로까지 잠자리 영역을 넓혔다. 이것도 미국 횡단 여행에서 즐길 수 있는 묘미가 아닐까 한다. 미국 거리에는 이벤트를 알리는 현수막이나 집회안내문 등이 많이 걸려있다. 놀라운 것은 이런 안내문 중에는 날짜가 지난 것이 없었다. 이처럼 작고 사소한 부분에도 관심을 갖는 미국인들이 별다르게 느껴지고, 어떤 상황에서도 법과 원칙을 지키려는 그들의 노력이 특별하게 보였다.

미국에 와서 지금까지는 개 때문에 힘든 게 없었지만, 드디어 악명 높은 켄터키의 개들과 만나야 할 시간이 되었다. 오늘은 며칠 전에 구입한 개 퇴치제Repellent를 사용할 기회가 있었다. 크지도 않는 개가 끝까지 옆에 바싹 붙어서 짖길래 페퍼 스프레이Pepper Spray를 개 얼굴에 뿌렸다. 놀랍게도 능구렁이 같은 개가 스프레이를 요리조리 피하면서 계속 달라붙었다. 자전거 여행자로부터 스프레이 공격을 많이 받아서 그런지 피하는 요령을 터득한 듯했다. 다음부터는 개가 조금 더 가까이 붙을 때까지 기다렸다가 스프레이 공격을 해야겠다. 그런데 왜 켄터키의 개들은 악명이 높을까?

오르막길에서 만나는 사나운 개는 정말 골칫덩어리다. 개를 퇴치하는 다양한 방법이 있지만, 페퍼 스프레이를 이용하는 것도 좋은 방법이다.

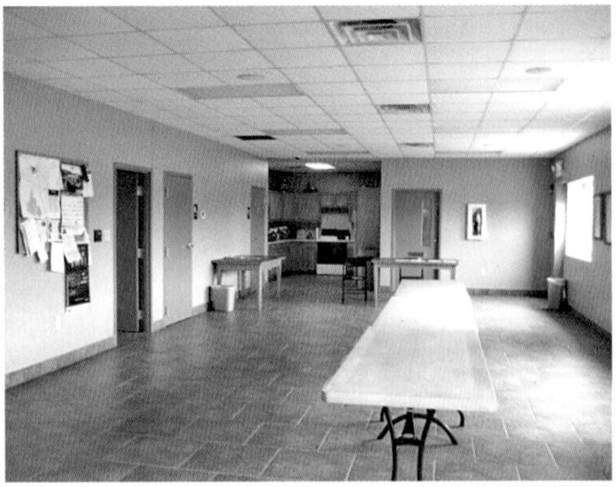

유티카Utica의 의용소방서는 자전거 라이더에게 숙박 공간을 제공했다. 탁자 위에 에어 매트를 깔고 침낭에 들어가 잠을 청했다.

동남아 자전거 여행을 할 때는 내비게이션 용도로 모션엑스Motion-X GPS앱을 썼지만, 미국에서는 구글맵을 많이 이용하고 있다. 구글맵은 웜샤워 호스트 집을 찾아간다거나, 주소를 가지고 특정 장소에 갈 일이 있을 때 아주 편리했다. 하지만 티모바일T-Mobile의 커버리지가 워낙 좁아서 큰 도시 이외에는 인터넷 신호를 잡기 어렵다. 미국 중서부의 푸에블로부터는 트랜스아메리카 트레일을 이용해서 라이딩하고 있는데, 일리노이 주부터는 도로 표지판이 거의 없어서 내가 제대로 ACA(모험자전거협회) 지도를 따라가고 있는 건지 아니면 엉뚱한 길로 가고 있는지 헷갈릴 때가 많다. 이럴 때는 빠른 시간 안에 내 위치가 지도상에 표시되는, 한국에서 미리 다운로드 받아온 맵스미maps.me 앱이 아주 유용했다.

미국의 물가가 싸다고들 말한다. 그렇지만 자전거 여행자에게 그 말은 맞지 않는다. 레스토랑의 식사비는 세금과 팁을 포함하면 최소 15달러가 넘는다. 한국 돈으로 2만 원짜리 음식을 먹었으면 배가 불러야 하는데, 그렇지도 않다. 주유소나 마트에서 빵이나 과자를 하나 사도, 최소 2~3천 원은 넘게 주어야 한다. 그것도 간에 기별도 가지 않을 만큼 양이 적다. 물론 소고기는 싸다. 하지만 여행자가 고기를 구워 먹으려면 여러 가지 양념과 소스를 가지고 다녀야 하고, 프라이팬도 있어야 한다. 미국의 모텔에는 전자레인지Microwave Oven는 있지만, 고기를 구울 수 있는 가스레인지는 별로 없다. 먹는 비용 외에 숙박료는 두말할 나위 없이 비싸다. 한국에서는 3~4만 원이면 하룻밤을 잘 수 있지만, 미국은 최소 50달러에서 7, 80달러 넘게 주어야 한다. 이러니 혼자서 여행 다니는 사람은 날이 갈수록 주머니가 가벼워져서 금전적 부담을 느낀다.

68일차 Utica – Leitchfield

숙소 Fairground 캠핑장 거리 88km 누적 거리 4,711km

미국 신문에 소개된 내 여행이야기

아침에 일어나니 지척을 분간할 수 없을 정도로 짙은 안개가 깔렸다. 안전사고가 우려되어 출발 시각을 늦추었다. 달리 할 일이 없어서 어젯밤에 보다가 중단했던 한국영화 "태극기 휘날리며" 비디오를 시청했다. 한국 영화를 미국의 시골 소방서에서 보다니 높아진 우리나라의 위상과 한류를 실감했다. 기다린 보람이 있어서 안개가 조금 엷어졌다. 자전거의 앞과 뒤에 라이트를 깜박이며 출발했다. 근처에 강江이 있는지, 새벽 안개가 자욱한 시골길 주변으로 마치 눈雪이 내린 듯 뽀얀 이슬을 머리에 얹은 밀밭이 펼쳐져 있었다. 한국에서는 보기 드문 밀밭이 이토록 아름다운 줄 몰랐다. 이국적이며 몽환적인 풍경에 행복감을 우러났다. 내가 '라이딩 오르가슴'에 흠뻑 빠져 있다고 말한다면, 지금의 마음 상태를 표현한 정확한 단어가 아닐까 싶다.

뿌연 안개 속에 아침 이슬이 내려앉은 밀밭은 몽환적인 분위기를 자아냈다.

태평양에서 대서양으로 동진하는 여행의 장점이 여러가지 있다. 오전은 태양을 마주 보며 주행해야 하지만, 아직 대지가 달아오르기 전이라서 크게 덥지는 않다. 하지만 오후에는 태양이 서서히 서쪽으로 기울기 때문에 태양을 등지는 동진이, 태양을 바라보며 가는 서진보다는 덜 더울 것 같다. 오늘처럼 작열하는 태양과 절절 끓는 아스팔트 그리고 시간 경과에 따른 급격한 체력감소는 서로 상승작용을 일으켜서 라이더의 진을 다 빼버린다. 또한 대부분의 라이더는 서진하기 때문에 트레일에서 그들을 만날 수 있다. 그들을 만나면 대개는 자전거에서 내려서 기쁨을 나누지만, 일정이 넉넉지 않은 나로서는 여행자를 만날 때마다 자전거를 멈추고 이야기를 나누는 것이 썩 내키지 않을 때가 있다. 거기에 이미 들어서 알고 있는 내용을 반복해서 들어야 하는 귀찮음도 있다. 어쨌든 선택권은 나한테 있다. 오

건장한 미국 청년들이 요크타운에 유티카까지 18일이나 걸렸는데, 나는 그보다 짧은 16일 만에 가야 했다. 나이와 체력, 인종적 열세를 극복하고 이들보다 더 빨리 자전거를 타야 한다는 결론이 나오니 머리가 혼란스러워졌다.

늘 여섯 번째 만난 라이더에게는 손만 흔들고 그냥 지나쳤다.

미국에 와서 두 번째로 지역 매스컴에서 나를 취재하러 왔다. 내가 웜샤워 멤버에게 보내는 호스트 요청 이메일에는 여행을 하게 된 동기와 내가 누구인지를 자세히 적어 놓았다. 이메일을 받은 자전거 가게 주인인 '릭'Rick이 기삿거리가 된다고 생각해서, 지역 신문사에 내 정보를 준 것이다. 텐트를 치고 휴식을 취하고 있을 때, 리포터Reporter가 찾아왔다. 그녀는 여러 가지를 물었고, 나는 성실하게 대답해 주었다. 이런 과정을 거쳐서 내 여행 이야기가 미국신문에 실렸다.

The Record
www.graysonrecord.com
Monday, September 19, 2016
LOGIN TO YOUR ACCOUNT:
Forgot Password? | Not a User? Sign up
View Forecast
69°F
Humidity 79%
Hurry, Subscribe Toda
HOME NEWS SPORTS OPINION OBITUARIES FEATURES SPECIAL SECTIONS

Man journeys to find himself, America

Thursday, June 11, 2015 at 4:00 am (Updated June 11, 4:01 am)

By Meghan McKinney
The Record

In Korean culture, one's 60th birthday is especially significant. On this birthday, known as hwan-gap, one has completed the zodiac cycle. An elaborate celebration usually is held, as 60 is regarded as a highly respected age.

Byung Ok Min, 59, of Seoul, South Korea, knows just how significant his next birthday will be. He's anticipating the end of his early life by biking across the United States.

"After coming to the United States, I have three big impressions," Min said during a

SHARE
Popular Related
E-Commerce Expo Asia 2016 Int'l E-Commerce Platform Show

Byung Ok Min is biking across America in a journey of self-discovery before his 60th birthday. The Seoul, South Korea, resident recently stopped
overnight in Grayson County, and praised Kentuckians for their hospitality.

2015년 6월 11일자 The Record에 실린 인터뷰 기사

Man journeys to find himself, America

MEGHAN MCKINNEY/The Record

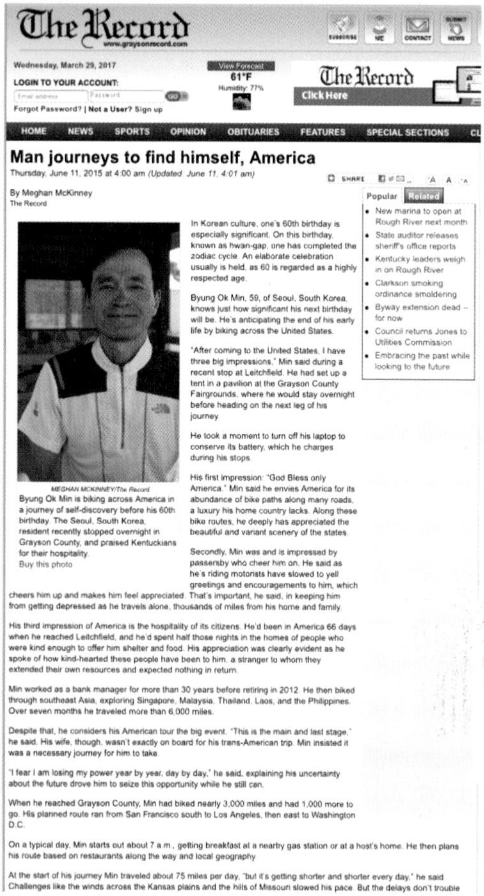

The Record
www.graysonrecord.com

SUBSCRIBE | ME | CONTACT | SUBMIT NEWS

Wednesday, March 29, 2017

LOGIN TO YOUR ACCOUNT:

Email address | Password | GO

Forgot Password? | Not a User? Sign up

View Forecast
61°F
Humidity: 77%

The Record
Click Here

HOME | NEWS | SPORTS | OPINION | OBITUARIES | FEATURES | SPECIAL SECTIONS | CL

Man journeys to find himself, America

Thursday, June 11, 2015 at 4:00 am *(Updated: June 11, 4:01 am)*

SHARE | A A A

By Meghan McKinney
The Record

Popular | Related

- New marina to open at Rough River next month
- State auditor releases sheriff's office reports
- Kentucky leaders weigh in on Rough River
- Clarkson smoking ordinance smoldering
- Byway extension dead -- for now
- Council returns Jones to Utilities Commission
- Embracing the past while looking to the future

MEGHAN MCKINNEY/The Record
Byung Ok Min is biking across America in a journey of self-discovery before his 60th birthday. The Seoul, South Korea, resident recently stopped overnight in Grayson County, and praised Kentuckians for their hospitality.
Buy this photo

In Korean culture, one's 60th birthday is especially significant. On this birthday, known as hwan-gap, one has completed the zodiac cycle. An elaborate celebration usually is held, as 60 is regarded as a highly respected age.

Byung Ok Min, 59, of Seoul, South Korea, knows just how significant his next birthday will be. He's anticipating the end of his early life by biking across the United States.

"After coming to the United States, I have three big impressions," Min said during a recent stop at Leitchfield. He had set up a tent in a pavilion at the Grayson County Fairgrounds, where he would stay overnight before heading on the next leg of his journey.

He took a moment to turn off his laptop to conserve its battery, which he charges during his stops.

His first impression: "God Bless only America." Min said he envies America for its abundance of bike paths along many roads, a luxury his home country lacks. Along these bike routes, he deeply has appreciated the beautiful and variant scenery of the states.

Secondly, Min was and is impressed by passersby who cheer him on. He said as he's riding motorists have slowed to yell greetings and encouragements to him, which cheers him up and makes him feel appreciated. That's important, he said, in keeping him from getting depressed as he travels alone, thousands of miles from his home and family.

His third impression of America is the hospitality of its citizens. He'd been in America 66 days when he reached Leitchfield, and he'd spent half those nights in the homes of people who were kind enough to offer him shelter and food. His appreciation was clearly evident as he spoke of how kind-hearted these people have been to him, a stranger to whom they extended their own resources and expected nothing in return.

Min worked as a bank manager for more than 30 years before retiring in 2012. He then biked through southeast Asia, exploring Singapore, Malaysia, Thailand, Laos, and the Philippines. Over seven months he traveled more than 6,000 miles.

Despite that, he considers his American tour the big event. "This is the main and last stage," he said. His wife, though, wasn't exactly on board for his trans-American trip. Min insisted it was a necessary journey for him to take.

"I fear I am losing my power year by year, day by day," he said, explaining his uncertainty about the future drove him to seize this opportunity while he still can.

When he reached Grayson County, Min had biked nearly 3,000 miles and had 1,000 more to go. His planned route ran from San Francisco south to Los Angeles, then east to Washington D.C.

On a typical day, Min starts out about 7 a.m., getting breakfast at a nearby gas station or at a host's home. He then plans his route based on restaurants along the way and local geography.

At the start of his journey Min traveled about 75 miles per day, "but it's getting shorter and shorter every day," he said. Challenges like the winds across the Kansas plains and the hills of Missouri slowed his pace. But the delays don't trouble

In Korean culture, one's 60th birthday is especially significant. On this birthday, known as hwan-gap, one has completed the zodiac cycle. An elaborate celebration usually is held, as 60 is regarded as a highly respected age.

Byung Ok Min, 59, of Seoul, South Korea, knows just how significant his next birthday will be. He's anticipating the end of his early life by biking across the United States.

"After coming to the United States, I have three big impressions," Min said during a recent stop at Leitchfield. He had set up a tent in a pavilion at the Grayson County Fairgrounds, where he would stay overnight before heading on the next leg of his journey.

He took a moment to turn off his laptop to conserve its battery, which he charges during his stops.

His first impression: "God Bless only America." Min said he envies America for its abundance of bike paths along many roads, a luxury his home country lacks. Along these bike routes, he deeply has appreciated the beautiful and variant scenery of the states.

Secondly, Min was and is impressed by passersby who cheer him on. He said as he's riding motorists have slowed to yell greetings and encouragements to him, which cheers him up and makes him feel appreciated. That's important, he said, in keeping him from getting depressed as he travels alone, thousands of miles from his home and family.

His third impression of America is the hospitality of its citizens. He'd been in America 66 days when he reached Leitchfield, and he'd spent half those nights in the homes of people who were kind enough to offer him shelter and food. His appreciation was clearly evident as he spoke of how kind-hearted these people have been to him, a stranger to whom they extended their own resources and expected nothing in return.

Min worked as a bank manager for more than 30 years before retiring in 2012. He then biked through southeast Asia, exploring Singapore, Malaysia, Thailand, Laos, and the Philippines. Over seven months he traveled more than 6,000 miles.

Despite that, he considers his American tour the big event. "This is the main and last stage," he said. His wife, though, wasn't exactly on board for his trans-American trip. Min insisted it was a necessary journey for him to take.

"I fear I am losing my power year by year, day by day," he said, explaining his uncertainty about the future drove him to seize this opportunity while he still can.

When he reached Grayson County, Min had biked nearly 3,000 miles and had 1,000 more to go. His planned route ran from San Francisco south to Los Angeles, then east to Washington D.C.

On a typical day, Min starts out about 7 a.m., getting breakfast at a nearby gas station or at a host's home. He then plans his route based on restaurants along the way and local geography.

At the start of his journey Min traveled about 75 miles per day, "but it's getting shorter and shorter every day," he said. Challenges like the winds across the Kansas plains and the hills of Missouri slowed his pace. But the delays don't trouble him: he instead takes the time to appreciate the scenery even more and make the most of his trip. "I don't want to hurry up. I want to arrive just on time in D.C.," he said.

Min had a hard time deciding on his favorite place in the United States, but San Francisco got a nod for its bike-only path through a forest. "Second is here. I mean that." he said, insisting that Leitchfield has a particular charm. After only a few hours in town, Min already was impressed with the historical buildings and helpful people, especially those at Embry's Bike Shop. "I feel good here," he said, insisting the city was a remarkable stop on his trip.

His appreciation for the United States was evident as he spoke about his various stops. His eyes glowed and he often struggled to find the English phrasing to describe the impact people and places have had on him.

In Sebree, Min was touched by the items the town offered free to bikers, such as paper towels, shelter, and convenient storage compartments attached to park benches. In Leitchfield, he was impressed with the people at Embry's Bike Shop and how much they clearly cared about bicyclists. "I have a deep appreciation for them. Please give them my thanks," he said.

Bicycling is not a new hobby for Min. He has run in 100 marathons and races, and then moved on to competing in triathlons. He's been crowned the winner of Iron Man challenges twice. He took up biking from there and quickly came to love it. For him, the excitement is in the challenge.

Though his American trip has been deeply moving, Min's excited to return home. Before stopping in Kentucky, he met up with a friend in Illinois who gave him some of his favorite Korean foods. Min was especially missing rice, which he ate at every meal in South Korea.

He expects to reach Washington on June 24. From there he'll fly to New York before heading home – with a little extra baggage.

Thirty friends had donated money to help finance Min's trip, which he estimates will cost more than $9,000 overall. "Now I have to succeed on this journey and buy souvenirs for them," he said, laughing.

지난 추억은 모두 아름답게만 기억되는 법. 며칠이나 됐다고 콜로라도의 눈보라가 그립고, 캔자스의 맞바람을 다시 맞아보고 싶고, 미주리의 오자크 고원에도 다시 올라 보고 싶다. 지난 일이 그리운 것은 조만간 마주치게 될 블루리지 산맥Blue Ridge Mountains의 명성 때문에 벌써 기가 질려서가 아닐까 싶다.

69일차 **Leitchfield – Bardstown**
숙소 주립공원 캠핑장 | 거리 98km | 누적 거리 4,809km

마이 올드 켄터키 옛집이여!

트랜스아메리카 트레일을 벗어나서 리치필드로 내려온 것은 잘못된 결정이었다. 웜샤워 호스트의 따뜻한 정을 느끼고 싶어서 왔는데, 단지 캠핑장 위치만 알려주고 그걸로 끝이었다. 더더욱 리치필드에서 바스타운Bardstown가는 길은 나를 극도의 긴장 상태로 몰고 갔다. 왕복 2차선의 좁은 오르막 도로에 트럭 같은 대형 차량의 흐름이 끊이지 않았다. 많은 차량이 안전사고를 우려해서 나를 추월하지 못하고 좁은 도로에서 거북이걸음을 하는 것을 보니, 마치 죄지은 사람의 심정이 되었다. 그들의 인내심에도 한계가 있는지, 미국에 와서 두 번째로 지나가는 차에서 나를 향해 좋지 않은 소리가 날라왔다. 갓길이 없어서 차선 가장자리로 곡예 하듯이 아슬아슬하게 가는데 창문을 열며 욕 한마디를 날리고 사라졌다. 대부분 카운티 도로county road인 트랜스아메리카 트레일을 이용하면 차량으로부터 받는 스트레스를 줄일 수 있다. 그렇지만 업다운이 심하고 빙 돌아가는 길이 많아서, 주행거리를 조금이라도 단축할 수 있는 일반도로로 달리고 싶은 유혹을 떨치기 힘든 경우도 있다.미국의 6월도 한국처럼 여름이 시작되는 절기인 듯, 한낮의 기온이 많이 올라갔다. 자전거 여행자의 짐 무게는 줄이면 줄일수록 좋은 법. 이번 여행의 막바지에 동부의 애팔래치아 산맥을 넘어야 해서, 이제는 불필요해진 겨울옷 등을 뉴저지 친구 집으로 보내려고 우체국을 찾았다. 평소에는 쉽게 눈에 띄던 우체국이 필요해서 찾을 때는 꼭꼭 숨어서 보이지 않았다. 결국 지쳐서 포기했더니 엉뚱한 곳에서 나타났다. 우리 인생살이와 너무 닮아서 헛웃음이 나왔다. 우체국 안으

마이 올드 켄터키 홈 주립공원My Old Kentucky Home State Park은 미국 서부지역의 RV 캠핑장과는 달리 야외에서 고기를 굽는 가족이 거의 없었다. 외로움을 달래고 싶어도 말을 붙일만한 사람이 없었다.

로 들어가니 고객들이 꽤 많았다. 업무절차를 몰라서 도움을 청할 만한 안내직원을 찾았지만, 한가한 사람이 없었다. 잠시 망설이다가 한국에서 하던 것처럼 진열된 상자를 가져다가 물품을 담고 창구로 가져갔다. 다행히 우체국 업무는 국제 공통프로세스인 듯했다. 어렵지 않게 뉴저지로 옷가지를 보내고 나니, 패니어가 과도한 열량소모로 홀쭉해진 내 배와 흡사했다.

마이 올드 켄터키 홈 주립공원My Old Kentucky Home State Park에 도착했다. 쓸 만한 자리는 이미 예약이 되어 있어서 화장실 가까운 곳에 텐트를 쳤다. 내일은 렉싱턴에 입성한다. 에베레스트 등정에 비유하자면, 푸에블로는 베이스 캠프, 렉싱턴은 정상공격을 위한 마지막 캠프로 그곳의 한인교포 댁에서 이틀을 머물며, 이번 여정의 마지막이 될 보름간의 일정을 재점검할 계획이다.

70일차 Bardstown – Lexington

숙소 한인 하우스 거리 103km 누적 거리 4,912km

삼겹살에 산삼까지……

마이 올드 켄터키 홈 주립공원에서 만난 영국인 라이더 '조'는 요크타운에서 이곳까지 18일이나 걸렸다고 한다. 그는 꾀를 내서 블루리지 산맥Blue Ridge Mountains을 넘지 않고 11번 고속도로로 우회했다고 해서 엄지손가락을 추켜세우고 칭찬해 주었지만, 미국 횡단 여정의 또 다른 하이라이트인 블루리지 산맥을 넘지 않아서 아마 조금은 허전했을 것이라는 생각이 들었다. 그가 18일 만에 왔던 길을, 나는 보름 동안 가야 한다. 과연 그게 가능할까?

유서 깊은 베르사유Versailles를 거쳐서 렉싱턴에는 오후 5시에 도착했다. 이곳에 거주하는 김 박사는 젊은 시절에 미국으로 건너가서 지금은 렉싱턴 주립대학교의 교수로 재직 중이다. 친구의 소개로 알게 된 김 박사 댁에서 푸짐한 한식과 삼겹살을 맛보았다. 오래간만에 맛보는 고향 음식에 감격스러울 따름이다. 그러나 나를 감동하게 한 것은 따로 있었다. 사모님

구글맵은 멀쩡한 62번 도로를 놔두고 시골길county road로 나를 안내했다. 계속되는 언덕길에 체력은 고갈되어 갔지만, 주변 경치는 목가적이라서 전적으로 손해만 본 것은 아니었다.

은 한국의 산삼보다 더 효능이 좋다는, 어렵게 구한 켄터키 산삼을 내게 주었다. 남편도 먹어보지 못한 귀하디귀한 산삼을 생면부지의 친구의 친구에게 줄 수 있는 그녀의 넓은 도량에 감동했다. 렉싱턴처럼 한인 교포가 많지 않은 도시에서는 오늘이 어제와 같아서 다소 지루하고 따분한데, 자동차로도 횡단하기 힘든 미국을 적지 않은 나이에 그것도 혼자서 자전거로 횡단하고 있어서 신선한 화제가 되었다고 한다.

미국에 와서 처음으로 김 박사 댁에서 삼겹살을 맛보았다. 더욱 놀라운 것은 원기를 회복하라고 자연산 미국 산삼까지 대접을 받았다.

71 일차 **Lexington**
숙소 한인 하우스 | 거리 0km | 누적 거리 4,912km

켄터키의 자랑거리

산책하기도 싫을 만큼 날씨가 더웠지만, 김 박사의 제안으로 렉싱턴 인근의 우드포드 양조장Woodford Reserve을 견학했다. 켄터키는 옥수수로 만든 버번 위스키Bourbon Whiskey가 유명하다. 이외에 켄터키에는 몇 가지 명품이 더 있었다. 그중에서도 블루 그래스blue grass는 단연 돋보이는 켄터키의 자랑거리로서, 프리웨이의 명칭으로 사용하고 있을 정도였다. 이 잔디에는 독특한 성분이 있어서, 켄터키를 미국 최고의 종마種馬 산

켄터키는 옥수수로 만든 버번 위스키Bourbon Whiskey로 유명한데, 버번은 켄터키의 어느 카운티County이름이다. 하루를 쉬면서 미국에서 가장 오래된 우드포드 양조장Woodford Reserve을 견학했다

지로 만들었다고 한다. 그래서인지 렉싱턴 거리 명칭에 Man O' War가 있다. '맨'Man이 들어 있어서 유명한 사람 이름인 줄 알았는데, 말 이름이었다. 오후에는 김 박사 댁 근처의 공원으로 피크닉을 나갔다. 다른 한국교포 부부도 참석했다. 그분들과 나의 미국 횡단 에피소드와 교포들의 미국생활 이야기를 나누며 시간을 보냈다. 날이 훤해서 시간이 그렇게 지났는지 몰랐는데, 시계를 보니 벌써 저녁 9시가 넘었다. 순식간에 피곤이 몰려오고, 몸이 격한 반응을 보였다.

미국 가정에서는 호스트들의 대접을 별 부담 없이 받아들일 수 있지만, 한국인 가정에서는 쉽게 그러지를 못하겠다. 그 이유가 뭘까 생각해 보았다. 그것은 환대 문화에 대한 동서양의 차이에서 비롯된 것이 아닐까 싶다. 미국사회는 유난히 '베푸는 자'Giver가 많아서 그들의 친절이 크게 어색하지 않지만, 한인 교포는 유교 문화를 공유했던 사람들이라는 생각에 그분들의 친절과 베풂을 일방적으로 받기만 하는 게 쉽지 않았다. 고마움 이전에 솔직히 미안한 마음이 앞섰다.

72일차 **Lexington – Berea**
숙소 모텔 거리 72km 누적 거리 4,984km

도움이 안되는 잡생각

켄터키와 버지니아에 거주하는 웜샤워 멤버들은 트랜스아메리카 트레일의 시작점인 요크타운Yorktown 근처에 사는 탓에 많은 자전거 여행자들로부터 호스트 요청을 받는 듯했다. 주거지 위치와 피드백 숫자 등 조건이 괜찮아 보이는 멤버를 클릭하면, 더 이상 웜샤워 회원이 아니라는 메시지가 뜬다. 그래서일까? 네 명에게 호스트 요청 메시지를 보냈지만, 단 한 명에게서만 회신이 왔다. 그것도 약속이 있어서 나를 초청하지 못한다는 내용이었다. 요즘은 웜샤워 호스트의 초대를 받지 못해서 다소 아쉽기는 하지만, 대신 시골길에서 들리는 맑고 청아한 새소리가 내 마음을 위로해 주는 듯했다.

김 박사 댁에서 챙겨준 간식 중에는 누룽지도 있어서 출출할 때 끓여 먹으니 훌륭한 한 끼 식사가 되었다.

모험자전거협회의 지도에 로키산맥과 애팔래치아산맥을 비교하는 글이 있다. 이 글에 따르면 로키는 높지만, 애팔래치아와 비교하면 순하다는gentle 것이다. 갑자기 남은 숙제인 애팔래치아에 대한 고민이 많아졌다. 지금은 열흘 후를 생각할 때가 아니라, 오늘 아니 지금 이 순간의 라이딩에 집중할 때라는 것을 잊고 있는 것이다.

역시 우리 것이 좋은 것인가? 오매불망 그리워했던 한국 음식으로 영양 보충하고 또 하루를 푹 쉬어서 그런지 거의 피곤을 느끼지 않은 상태에서 목적지인 베리아Berea에 도착할 수 있었다. 주룩주룩 비가 오고 있어서 야외에서 캠핑할 수는 없고 모텔에 숙박했다. 체인 모텔치고는 인터넷 속도가 엄청 빨랐다.

73일차 Berea – Booneville

숙소 교회 뒤뜰 캠핑장 거리 79km 누적 거리 5,063km

악명높은 켄터키 개들과의 조우…

출발 전에 얼핏 오늘 코스의 고저도를 살펴보았지만 특이사항은 없었다. 그렇지만 시내를 벗어나니 바로 가파른 고개가 시작되었다. 양쪽 무릎이 싫다고 난리가 났다. 무릎 근육이 버텨 주지 못하니 힘차게 발가락으로 찍어 누르는 페달링을 하지 못하고 발목을 접어서 관성으로 페달을 돌렸다. 한참을 그렇게 힘들게 바퀴를 돌리며 빅힐Big Hill에 올랐지만, 정상 표지판에는 겨우 6% 경사의 2마일을 올라왔다고 쓰여 있었다.

오르막은 계속되었다. 이어지는 고개에서 개 두 마리가 나를 향해 짖으며 덤볐다. 오르막이라서 죽을 둥 살 둥 사투를 벌이는데, 이 녀석들은 자신들이 확실한 우위에 있음을 간파했는지 도망가지도 못하는 나를 심하게 위협했다. 개 주인은 미친 듯이 날뛰는 개들 틈에서 내가 어떻게 빠져나가는지 보겠다는 양 그런 개를 제지하지 않고 물끄러미 지켜보고 있었다. 순간 화가 나서 고함을 지르니, 그제야 주인은 슬그머니 개들을 불러들였다. 이처럼 오르막에서는 운신의 폭이 좁지만, 내가 자전거 속도를 컨트롤할 수 있는 평지에서는 개는 그냥 개일 뿐이다. 한번은 개 한 마리가 끝까지 짖으며 다리를 물려고 하기에 스나이퍼 버금가는 저격 솜씨로 개의 미간을 향해서 정확히 페퍼 스프레이를 날려서 퇴치했다.

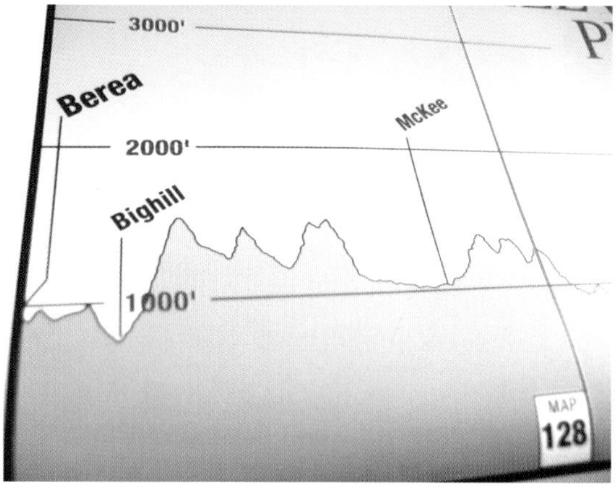

총 12권으로 만들어진 ACA 지도의 뒷면에는 코스 고저도뿐만 아니라 해당 지역의 역사와 풍물 등도 소개하고 있어서 미국을 이해하는 데 많은 도움이 되었다.

오늘의 코스는 한적하고 여유로운 시골길이라서 마음의 여유가 있다. 때맞춰 탱고 선율이 MP3에서 흘러나왔다. 이런 맛에 라이딩하는 게 아닐까 싶다. 7시간의 주행 끝에 분빌 Booneville 에 도착했다. 숙소인 분빌 장로교회 Booneville Presbyterian Church를 찾지 못하고 헤매고 있으니까, 마침 지나가던 이 마을의 경찰대장이 교회까지 나를 에스코트해 주었다. 다른 교회는 내부의 여유 공간에 자전거 여행자를 위한 거처를 마련해 주는 데 비해서, 이 교회는 뒷마당의 대피소 Shelter에 텐트를 치도록 했다.

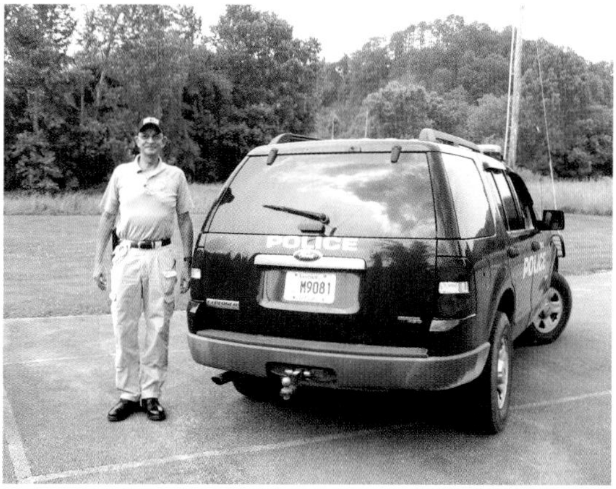

숙박지인 분빌 장로교회Booneville Presbyterian Church를 찾지 못해서 주변을 두리번거리니 지나가던 지역 경찰서장이 교회까지 나를 안내했다.

74 일차 **Booneville – Hindman**
숙소 Cyclist's Hostel 캠핑장 거리 104km 누적 거리 5,167km

60대의 멋진 사랑 이야기

이제 분빌 장로교회에는 3년 전에 자전거로 미국을 횡단한 적이 있다는 64세의 '로버트'가 이번에는 여자 친구인 31세의 엘리자베스를 지원하고 있었다. 승용차 안에 텐트를 포함해서 필요한 물품을 싣고 다니며, 엘리자베스가 목적지에 도착하기 전에 미리 텐트를 치고 그녀를 맞이할 준비를 했다. 고등학교의 독일어 선생님인 '로버트'는 6월과 7월의 방학을 이용해서 여자 친구를 위해서 몸을 불사르고 있었다. 자전거 여행자가 온갖 고난을 헤치며 목적지에 무사히 당도할 때의 희열과 서포터가 지원하면서 느끼는 만족감은 같은 크기가 아닐까? 얼마나 멋진 사랑 이야기인가?

요즘은 매일 기온이 점점 오르고 있다. 태양이 이글거리기 전에 얼른 주행을 끝내든지 아니면 한낮을 피하든지 해야 한다. 그러나 먼 거리를 라이딩해야 하는 날은 중간에 쉰다는 것이 마음같이 쉽지 않다. 오늘이 바로 그런 날이다. 서둘러 점심을 먹고 휴식없이 출발해야 간신히 오후 6시까지 힌드만 Hindman에 도착할 수 있을 것 같다. 분빌을 출발한 지 얼마 되지 않아서, 내 옆에서 텐트를 쳤던, 나보다 출발 준비가 많이 늦었던 청년 '저스틴'이 나를 추월했다. 각오는 하고 있었지만, 계속 나타나는 언덕에 예상보다 빨리 기력이 소진됐다. 네 번째 고개에서 결국 주행을 중단하고 땅바닥에 주저 앉고 말았다. 불볕더위에 심한 갈증까지 일어났다. 지도의 고저도를 확인해 보니, 앞으로 남은 고개가 세 개가 더 있었다. 앞으로 전개될 고개의 높이와 개수를 알게 되니 다소나마 마음이 진정되었다. 숙소Knott Historical Society Cyclist's Hostel는 언덕 위에 있었다. 호스텔Hostel이

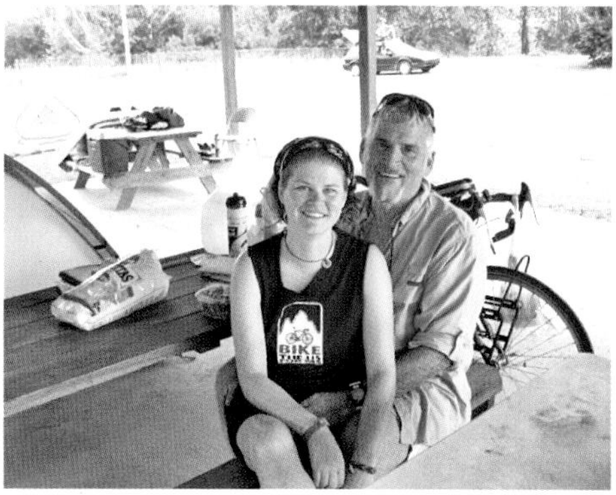

64세의 고등학교 독일어 선생님인 '로버트'Robert는 31세 여자친구 '엘리자베스'Elizabeth의 미국 횡단 자전거 여행을 지원하고 있었다.

라는 명칭을 쓰고 있어서 실내 취침할 것으로 기대했는데, 지난겨울에 내린 폭설로 숙소가 엉망이 되어서 야외에 텐트 쳐야 한다고 한다. 더위 먹고 피곤에 절어 있는데, 그 말을 들으니 실망감이 이루 말할 수 없다. 하지만 주인 '데이비드'David는 무척 친절한 아저씨였다. 그의 친절 때문에 더는 실망한 표정을 지을 수 없었다. 게다가 저녁 식사로 엄청난 양의 음식이 나왔고 후식으로 아이스크림까지 만들어 주었다. 인생 대부분이 이렇게 부족하거나 넘치는 게 자연스럽게 조절되어 평균으로 수렴하는 게 아닐까 싶다.

'저스틴'Justin은 나보다 늦게 분빌Booneville 캠핑장을 출발했지만, 나를 추월하는데 많은 시간이 걸리지 않았다. 우리는 힌드만Hindman의 여행자 숙소에서 다시 만났다.

75일차 Hindman – Lookout

숙소 숙소 교회 체육관 　 거리 78km 　 누적 거리 5,245km

자전거 여행자에게 제일 무서운 것은?

이글거리는 땡볕을 온몸으로 받으며 왕복 6차선이 넘는 하이웨이를 두 시간 가까이 주행했다. 그곳에는 강렬한 햇볕을 피할 수 있는 쉼터나 그늘이 없었다. 대신 바람 한 점 없는 드넓은 고속도로와 고막을 때리는 시끄러운 자동차 소음만 있었다. 머리는 점점 혼미해지고, 실신 바로 직전에서야 고속도로 주변의 사무실 처마 밑으로 피신할 수 있었다. 우선 먹기에도 아까운 물통의 생명수를 아낌없이 머리에 쏟아부었다. 그러나 고난은 끝이 없었다. 더위에 몸은 지칠 대로 지쳤지만, 오늘 넘어야 하는 마지막 네 번째 고개가 남아 있었다. 걷기도 힘든 더운 날씨에 두 손으로 밀고 당기며, 보기만 해도 숨이 막히는 급경사의 고개를 조금씩 조금씩 기어가듯이 올랐다. 둑이 터진 듯 머리에서 땀이 쏟아져 내렸다. "너 갈 길이 아직 멀었어." 자전거를 끌고 오르는 내가 답답해 보였는지 언덕을 내려오던 차량 운전자가 불쑥 한마디 던지고 지나간다. 나는 거의 다 올라왔다고 생각했는데 아직 멀었다니… 그의 말처럼 처절한 오르막은 한동안 계속 이어졌다. 미국에 와서 지금까지는 맞바람이 힘들다고 생각했는데, 오늘 찌는 듯한 무더위를 겪고 나니까 생각이 달라졌다.

오르막이 있으면 내리막도 있듯이, 하루의 시간은 흐르고 흘러서 불볕더위도 한풀 꺾일 무렵에 프리다 해리스 침례 교회Freeda Harris Baptist Church에 도착했다. 노랗던 하늘이 점점 제 색깔로 보이기 시작하고 외출했던 정신도 돌아왔다. 아침에 말리지 못했던 텐트 생각이 났다. 출입문이 잠겨 있어서 밖에서 기다리는 시간을 이용해서 젖은 텐트를 나무 난간에 걸쳐놓았다. 한 시간이 훨씬 지나서야, 구세주 '크랙'이 나타났다. 나한테 사용하라고 내준 2층의 침실을, 뒤늦게 도착한 젊은 여자 두 명에게 양보하고 체육관의 마룻바닥에 여장을 풀었다. 손가락 하나 까닥할 힘도 없는데, 교회를 관리하는 '햄린'Hamlin이 인근 핼리어 Hellier의 여름 성경 학교에 가자고 한다. 여자 여행자 두 명은 단호하게 No라고 거절했지만, 나마저 거절하면 그녀가 실망할 것 같았다. 또한, 흔치 않은 경험일 거라고 자신을 위로하며 그녀의 제안을 받아들였다.

언덕의 경사가 가파르고 길이도 길었지만, 그것보다 더 나를 힘들게 한 것은 더위였다.

미국에서 체류한 숙소 중에 가장 넓고 천장이 높은 체육관에서 힘들고 고단했던 하루를 마감했다.

햄린은 여름성경학교에 참석한 사람들에게 나를 소개했다. 모두의 따뜻하고 호기심 가득한 시선을 한 몸에 받으며 내가 누구이며, 어떻게 여기에 왔는지 설명했다. 동양 사람이 흔치 않은 이곳에서 나에 대한 아이들의 관심이 지대했다. 내게 장난을 치며 자기들의 놀이에 동참하기를 희망했다. 그들의 바람대로 친구가 되어 열심히 놀아주었지만, 아이들의 말을 알아듣기가 힘들었다. 다행히 통역사

체육관을 관리하는 '햄린'Hamlin과 핼리어Hellier의 여름 성경 학교에서 아이들과 어울리며 잠시나마 그들의 친구가 되었다.

인 햄린이 아이들의 영어를 나 같은 외국인이 알아듣기 쉬운 영어로 번역(?)해 주었다. 어느 나라나 아이들은 아이들끼리만 쓰는 단어와 어법이 있는 것 같다. 아이들의 말을 곧장 알아들을 수 있었으면 더 의미 있는 시간을 가졌을 텐데 그게 못내 아쉬웠다.

PART 9

버지니아

Virginia

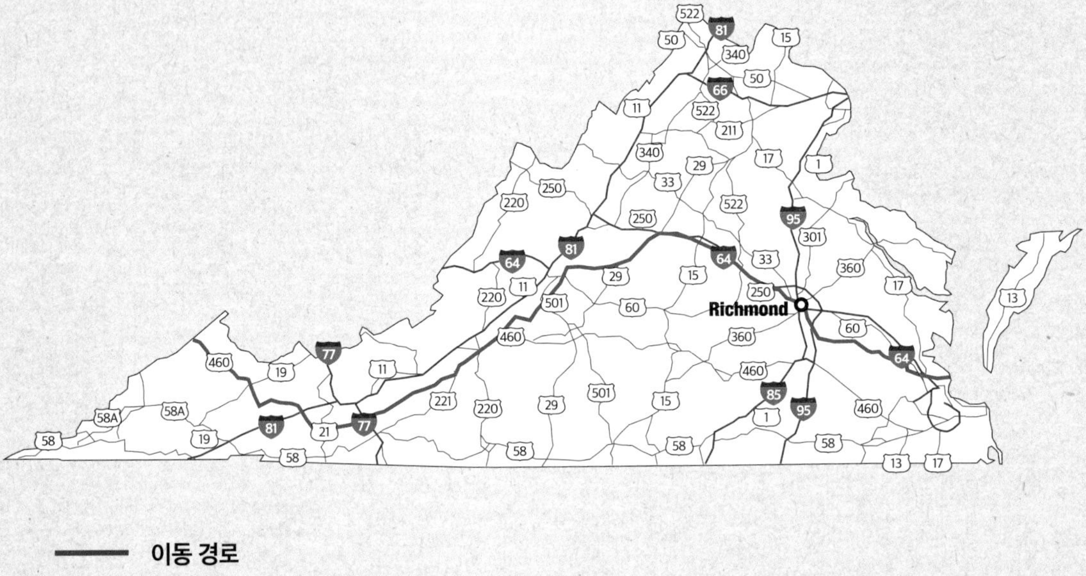
Richmond
이동 경로

76일차 Lookout – Rosedale

숙소 교회 거리 96km 누적 거리 5,341km

아이들이 보고 싶다!

어제 햄린과 성경학교에 같이 갔을 때 교회의 모든 분이 내게 관심을 표하고 따뜻하게 맞아 주니 더욱 보람이 있었다. 팔이 부러져서 깁스를 하고 있는 오스틴, 재치 덩어리 켈리 등등 '웰컴 투 동막골'을 연상시키는 산골 동네의 아이들에게 정이 흠뻑 들었다. 놀라운 것은 이런 두메산골에도 한국과는 달리 거주하는 아이들이 35명이나 되었다. 이제 아이들과 놀던 어제의 일도 나의 추억 저편을 장식하게 될 것이다.

켄터키에서 아이들과의 놀이를 시샘이라도 하듯이, 아홉 번째 주인 버지니아Virginia가 나를 격하게 맞이했다. 피할 수 있으면 피하고 싶은, 이미 여러 차례 들어서 파악하고 있던 난적과 마주했다. 얼마만큼 나를 괴롭힐지 몰라서 두려운 마음도 있지만, 이미 각오를 하고 있어서 오히려 담담했다. 조심스럽게 언덕을 오르기 시작했다. 게다가 급경사만큼 견디기 힘든, 온몸에 작열하는 폭염도 나를 괴롭히기 시작했다. 군데군데 나무 그림자가 드리워져 있지만, 대부분 구간이 강렬한 햇볕에 노출되어 있었다. 온몸이 땀으로 흥건했지만, 살랑살랑 불어오는 맞바람이 조금이나마 더위를 식혀 주었다. 페달 밟기가 심하게 어려운 구간이 곳곳에 있었지만, 두 번의 휴식 끝에 4km의 고개를 57분 걸려서 올랐다. 한국의 산악지대는 대부분 '에너지 불변의 법칙'이 적용된다. 즉 오르막이 있으면 그에 상응하는 내리막이 있어서 희열을 안겨준다. 하지만 미국의 중부와 동부지역은 그런 법칙이 적용되지 않는다. 고개의 경사가 급하고 좌우로 회전이 심해서 브레이크를 잡고 내려가야 한다. 그러니까 힘든 오르막이 있으면 반드시 신나는 내리

로즈데일Rosedale의 엘크 가든 연합 감리교회Elk Garden United Methodist Church는 자전거 여행자에게 무료 숙소를 제공했지만, 실내에는 아무런 먹을거리가 없었다.

막이 있다는 한국의 정설은 절반만 맞는 셈이다.

미국을 횡단하며, 두 달 넘게 산전수전 다 겪은 대선배에게 요크타운을 갓 출발한 새내기 여행자들이 깍듯한 예의를 갖추지 않고 손만 까닥거리며 그냥 지나친다. 저들에게는 아직 절실함이 없다. 캔자스의 대평원을 통과할 때쯤 되면 아마 무척이나 사람이 그리울 것이다. 숙박처인 로즈데일Rosedale의 엘크 가든 연합 감리교회Elk Garden United Methodist Church는 마을에서 한참이나 떨어진 80번과 19번 도로가 갈라지는 교차점 부근에 있었다. 어제 묵었던 룩아웃 Lookout처럼 교회에 음식이 있을 것 같아서 햄버거 이외에는 별도로 음식을 준비하지 않았는데 아무것도 없었다. 레스토랑이 있는 로즈데일 중심지역에 다시 갔다 오기에는 너무 피곤해서 그냥 배고픔을 참기로 했다. 내가 가지고 있는 식량은 식어 버린 햄버거와 말라서 바삭거리는 토스트 몇 개가 전부였다.

77일차 Rosedale – Wytheville

숙소 Memorial Park 캠핑장 거리 108km 누적 거리 5,449km

또 다른 근심거리

벌레 물린 다리가 가려워서 긁느라고 밤새 잠을 이루지 못했다. 가려운 증상은 집안에 고양이와 개를 많이 키우던 터널힐Tunnel Hill의 '애쉬' 집에서부터 시작됐다. 그동안 약국에서 연고를 사서 바르기도 하고, 렉싱턴Lexington의 김 박사 댁에서 얻은 약도 발라 봤지만, 나아지기는커녕 오히려 악화되고 있다. 침낭 속에 어떤 벌레가 둥지를 틀었는지, 침낭 안에만 들어가면 다리가 가려워서 도저히 참을 수 없다. 지금 내 다리는 온통 벌레 물린 자국투성이다. 약국에 들러서 강력한 살충제와 연고를 사야겠다.새벽 6시, 오가는 이 아무도 없고 오직 새소리와 매미 우는 소리만 가득한 버지니아의 한적하다 못해 적막한 산골을 달리는 기분은 무엇과도 바꿀 수 없는 판타지였다. 가슴 가득한 세상사 고민 덩어리를 산들바람에 날려 버리니 희열과 환희가 넘쳐났다. 오늘도 끝나지 않을 것 같았던 고개와 힘겨루기를 하며 오르막 숙제를 마쳤다. 이제 미국 횡단 여정 중에 블루리지 산맥Blue Ridge Mountains만 빼고 경로 상에 있는 높은 언덕과 산을 다 넘었다. 정확히 나흘 후에 베수비우스Vesuvius에서부터 56번 도로를 타고 산맥 능선으로 올라가서, 블루리지 파크웨이Blue Ridge Pkwy를 따라 북쪽으로 50여 킬로미터를 라이딩해야 한다. 컨트리송 가수인 존 덴버가 노래한 블루리지 산맥은 애초 나의 관심 밖이었다. 오로지 사막과 로키산맥을 어떻게 건너고 넘을지만 신경을 썼다. 하지만 욕심은 건들면 커지는 법. 내가 만난 많은 미국과 유럽의 젊은이들은 버지니아 주의 요크타운에서 블루리지 산맥을 넘어서 오리곤 주의 애스토리아를 잇는 트랜스아메리카 트

개울물은 졸졸 흐르고, 이름 모를 새소리와 매미 우는 소리가 시골길에 가득했다. 강원도 어느 산골에서 자전거타는 듯한 착각이 들었다.

레일을 달렸다. 그들과 접촉하다 보니 나도 모르는 사이에 그 루트가 마음 깊숙히 자리 잡게 된 것이다.

모험자전거협회ACA 지도와 서진하는 여행자의 얘기를 종합해 보면, 대서양에서 태평양 방향으로 블루리지 산맥을 넘는 것보다 나처럼 태평양에서 대서양으로 넘게 되면, 오르막 거리가 조금 짧은 대신에 경사는 훨씬 가파르다는 것이다. 요크타운에서 블루리지 산맥을 넘어서 온 미국인 젊은 자전거 여행자는 내 패니어를 보더니 그렇게 많은 짐을 가지고는 서쪽 측면을 오를 수 없다고 단언했다. 그렇다면 로키산맥을 넘을 때처럼 택시로 패니어를 먼저 보내고 짐 없이 업힐을 시도해야 할지, 아니면 영국 라이더 '존'처럼 피곤하게 블루리지

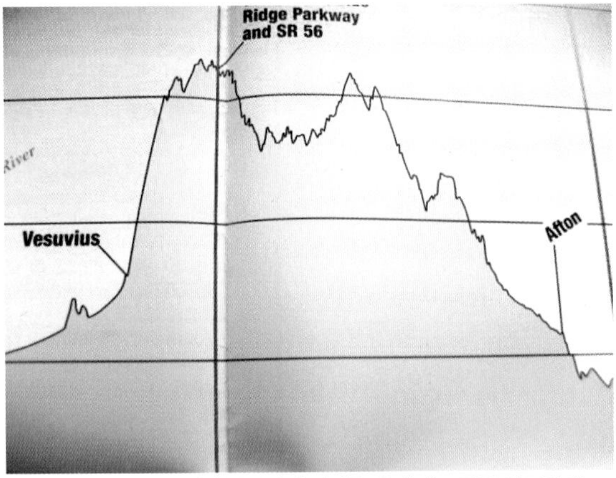

베수비우스Vesuvius에서 블루리지 산맥을 올라가는 것이 애프턴Afton에서 오르는 것보다 훨씬 더 가파르다.

산맥을 넘지 않고 11번 우회도로(Lee Hwy)를 이용해서 조금 편안하게 갈지 고민해 보아야겠다. 만약 내 성격에 우회한다면 귀국해서 많이 후회할 게 뻔하고, 그렇다고 내 체력에 무탈하게 블루리지 산맥을 넘을 자신도 없는 게 문제이다.

78일차 Wytheville – Christiansburg

숙소 모텔 거리 76km 누적 거리 5,525km

결정 장애를 극복하고…

요크타운을 8일 전에 출발해서, 어제 위더빌 캠핑장에 도착한 젊은 여행자 두 명은 텐트를 치지 않고 바닥 깔개만 펴고, 그 위에 아무것도 덮지 않고 그냥 자고 있었다. 나는 텐트를 걷으면서 소음을 내지 않기 위해서 최대한 조심하기는 했지만, 어쩔 수 없이 부산을 떨었다. 얌전히 자던 독일 젊은이가 몸을 뒤척이는 걸 보니 미안하기 그지없다. 위더빌 시는 텐트를 칠 공간만 제공했지, 자전거 여행자에 관한 관심은 아예 없었다. 캠핑장에 샤워시설이 없어서 화장실에서 세수만 했다. 사실 이 도시의 편의 제공 수준이 정상일 텐데, 다른 도시들이 워낙 많은 서비스를 제공하다 보니, 정상이 비정상으로 느껴지는 것이리라.

라이딩 출발 전에 스트레칭해야 하는데, 늘 뭐가 그렇게 급한지 준비운동을 생략하고 바로 안장에 올라가서 페달링을 시작한다. 그런데 최근에 사타구니 당기는 증상이 부쩍 심해졌다. 안장에서 내려오는 것이 귀찮아서 버틸 때까지 버티다가 통증이 심해져서 도저히 더는 견디지 못할 때쯤이 돼서야, 자전거를 멈추고 두 다리를 쫙 벌리는 스트레칭을 한다. 간단하게

트랜스아메리카 트레일임을 알려주는 도로 표지판 '76'이 곳곳에 있어서 길 잃을 걱정이 없었다. 곤포 사일리지가 들판에 널려있는 모습이 우리 농촌과 같았다.

라도 이렇게 몸을 풀어주면 통증이 가시고 몸이 가뿐해지지만, 그 효과는 오래 가지 않는다. 또 하나 나를 괴롭히는 것은 벌레들이다. 지금까지 다리를 집중적으로 공격하더니 이제는 상체까지 넘보기 시작했다. 가려워서 미칠 지경이다. 자전거를 타고 가면서 가려우면 장갑 등 쪽의 꺼칠한 면으로 가려운 부위를 벅벅 긁어 댄다. 비록 잠시이지만 피부의 가려움이 사라지고 일순 시원해진다. 물론 그 대가로 피부가 벌겋게 변하지만, 그건 나중에 걱정할 일이고 지금만 개운하면 된다.

하루하루가 낯선 곳으로의 여행이다 보니 늘 긴장하게 되고 마음이 바쁘게 된다. 특히나 일정에 쫓기다 보니 오늘과 내일만 생각하게 되지, 어제 만났던 인연이나 추억을 되새길 마음의 여유가 없다. 어제의 호스트들에게는 이번 여행이 끝나면 고마움의 편지를 보낼 계획이다. 호스트 요청 메일을 보내고 대답이 없어서 잊고 있었던 웜샤워 멤버에게서 초청한다는 메시지가 왔다. 그동안 답장이 없어서 일정까지 변경했는데, 이제야 오라고 한다. 자존심도 자존심이지만, 일정을 다시 바꾸기 어려워서 '노탱큐' 회신을 보냈다.

79일차 Christiansburg - Troutville

숙소 Baseball Park 캠핑장 거리 82km 누적 거리 5,607km

잊지 못할 환상적인 길!

미국 자전거 여행을 준비하면서 가벼운 노트북을 새로 장만했다. 노트북의 쓰임새는 다양하다. 여행 사진을 저장하고, 블로그에 일기를 올리고, 여행코스를 검색하고, 웜샤워 멤버와 연락을 주고받고…… 노트북은 내 여행의 동반자이자 별자리이다. 이런 노트북이 개미들의 놀이터가 되고 말았다. 어제저녁에 실수로 노트북에 주스를 쏟았는데, 과일주스의 달콤한 맛 때문인지 개미가 떼로 몰려와서 놀고 있었다. 우려와는 달리, 다행히 노트북의 액정 하단에만 이상 증상이 나타났고 나머지는 정상 작동되었다.

ACA지도는 시내를 가로질러 곧장 가지 않고 빙 둘러 가는 크리스챤버그의 외곽 길로 나를 안내했다. 어제의 학습효과가 있어서, 쓸데없는 마음먹지 않고 ACA지도만 믿고 따라갔다. 이런 작은 믿음에 대한 보답은 실로 엄청났다. 크리스천버그에서 엘레트Ellett 가는 길은 지금까지 내가 경험한 어떤 풍경도 뛰어넘는, 숨을 멎게 하는 신비스러운 경치를 펼쳐 보여 주

크리스천버그 Christiansburg에서 엘레트Ellett 가는 길은 두고두고 잊지 못할 정도의 환상적인 풍경을 보여 주었다.

었다. 살포시 내려앉은 안개와 그와 어우러지는 목가적인 산골 풍경은 글로써는 도저히 표현할 수 없는 절경 그 자체였고, 한 편의 서정시였다. 즐거운 마음으로 가다 서기를 반복하며 눈으로 본 풍경을 사진기에 담아 보았지만, 결코 눈앞에 펼쳐져 있는 그대로의 자연 모습을 재현해 내지 못했다. 사랑하는 가족과 이 길을 따라서 다시 여행하고 싶다. 과연 내 생애에 그런 날이 올 수 있을는지……

80일차 Troutville - Mallard Duck Campground

숙소 캠핑장 거리 76km 누적 거리 5,683km

미국 남북전쟁 당시에 치열한 전투가 벌어졌던 뷰캐넌 Buchanan 다리가 '리 하이웨이'Lee Hwy 옆에 있었다. 현지인의 알려주지 않았으면 그냥 지나칠 뻔 했다.

너 같은 여행자는 처음이야!

어제 오후에 캠핑장으로 놀러 온 동네 주민이 ACA지도에서 추천하는 코스는 산을 넘어야 한다며, 그냥 11번 도로를 타고 쭉 가면 된다고 알려 주었다. 그 노인은 남북전쟁 당시에 뷰캐넌 Buchanan 다리를 사이에 두고 남부 연합군과 북부 연방군 간의 치열한 전투가 벌어졌고, 군부대가 제임스 강변에 주둔했다는 역사를 들려주었다. 무릇 여행에서는 아는 만큼 보인다고 하는데, 그냥 지나칠 뻔 했던 미국의 아픈, 생생한 역사현장을 찾아갈 수 있었다.

버지니아 렉싱턴Lexington에 도착했다. 인증사진을 찍으려고 렉싱턴 시의 홍보 게시판에 카메라 초점을 맞추는데, 지나가던 승용차 안에서 급한 몸짓으로 나보고 정지하라고 한다. 차창 너머로 얼핏 보이는 인상이 무섭게 생기지 않아서 일단 길가에 자전거를 세웠다. 그는 오지랖이 넓은 렉싱턴 시민이었다. 왜 76번 도로(Transamerica Trail)를 타지 않고 일반 도로로 왔느냐고 따지듯이 말했다. 내가 대답하기도 전에 76번 도로도 평탄Flat하다고 덧붙였다. 너무 어이가 없어서 돌아서는 나를 뒤쫓아 도서관까지 따라왔다. 내가 자기를 못 미더워하니까, 잠깐 사이에 운전할 때 입었던 평상복을 벗고 사이클 복장으로 갈아입고 다시 나타났다. 너무 황당해서 그냥 웃을 수밖에 없었다. 그제야 내가 자기를 믿어서 안도했는지, 굿럭Good Luck이라는 인사말을 남기고 사라졌다.

렉싱턴을 지나 608번 지방도로를 타고 사우스 강변South river에 있는 맬라드 덕 캠핑장Mallard Duck Campground에 도착했다. 맬라드 덕 캠핑장은 더 이상 호스텔을 운영하지 않고, 캠핑카 공원RV Park과 텐트사이트만 운영하고 있었다. 종업원에게 내 패니어를 내일 숙박할 애프톤Afton까지 배달해 달라고 요청했다. 그것은 주인의 허락이 있어야 가능하지만, 자신의 보스는 절대로 승낙하지 않을 거라고 자신 있게 대답을 했다. 캠핑장 주인이 왔을 때 그에게 요청 사항을 자세히 설명해 주었다. 내 이야기를 들은 주인 '애덤'은 정색했다. 자신은 캠핑장을 오래 운영하고 있지만, 자전거 여행자가 짐을 먼저 보내는 것을 보지 못했고, 그런 부탁을 받은 적도 없다고 딱 잘라서 거절했다. 다른 라이더들은 어쨌든 다들 넘어가는데 너는 왜 그러느냐는 것이다. 그의 대답을 듣고 있자니 나름으로 베테랑 자전거 여행가라고 자처하던 내 자존심이 무척이나 상했다. 어쨌든 비빌 수 있

미국 횡단의 마지막 난관인 블루리지 산맥Blue Ridge Mountains 업힐을 앞두고 맬라드 덕 캠핑장Mallard Duck Campground에 텐트를 쳤다. 이곳에서 최대한 짐 무게를 가볍게 하기 위해서 몇 가지 물건을 버려야 했다.

는 언덕이 이곳밖에 없었는데, 맬라드덕 캠핑장 사람들이 거절했으니, 내 희망대로 패니어를 먼저 보내는 것은 불가능해졌다.

캠핑장 근처에 마트가 없었다. 가게는 3마일(4.8km) 정도 떨어져 있어서 자전거를 타고 가거나, 남의 차를 얻어 타고 가야 했다. 불볕더위 속에 주행을 마쳤는데, 다시 자전거 타기가 정말 힘들고 싫어서 히치하이킹으로 식수를 사러 가려고 했다. 하지만 열심히 엄지손가락을 흔드는 나에게 관심을 보이는 차량은 없었다. 결국, 포기하고 텐트로 돌아왔다. 물이 많을 때는 몰랐는데 식수가 없다고 생각하니, 갈증이 더 심해졌다. 물 없이 어떻게 하룻밤을 견딜까 걱정하던 찰나에 인근에 주차된 캠핑카에서 사람이 나오는 게 보였다. 이때다 싶어서 찾아가서 사정 이야기를 했다. 궁즉통, 그는 내게 미소를 지어 보이며 얼린 생수를 포함해서 무려 네 병이나 주었다. 갑자기 물이 많이 생기니 부자가 된 기분이었다.

내일로 다가온 블루리지 산맥 등정에 앞서 마지막으로 짐 무게를 줄이려고 버릴 물품목록을 만들었다. 햇반, 가스통, 고추장, 땅콩버터, 잼 등등 주로 식량이 많다. 이렇게 몇 가지를 버린다고 업힐에 얼마나 도움이 될지는 모르겠지만, 그것이 내가 할 수 있는 유일한 대비책이다. 그동안 애지중지했던 햇반과 가스통을 버리기 아까워서 내일 밥심을 기대하며 렉싱턴에서 얻어 왔던 말린 무조림과 고추장을 넣고 한국식 찌개를 만들었다. 이렇게 결전의 순간을 앞두고 한국 음식으로 조촐한 저녁 밥상을 차리니, 마음이 한결 차분하게 가라앉는다.

81 일차 Mallard Duck Campground – Charlottesville

숙소 KOA 캠핑장 **거리** 109km **누적 거리** 5,792km

후회를 남기고 싶지 않다!

인생도 자전거 바퀴처럼 쉴 새 없이 굴러간다. 나의 1막 인생 바퀴는 다람쥐 쳇바퀴마냥 은행이라는 울타리 안에서 큰 어려움 없이 굴러왔다. 다른 사람에 비해서 비교적 굴곡 없는 길을 달려왔기에, 인생 제2막에는 새로운 도전을 해 보고 싶어서 자전거를 들고 태평양을 넘어 온 것이다. 그렇게 시작한 미국 자전거 여행이 이제는 막바지에 접어들었다. 이번 여행을 시작할 때만 해도 '내가 정말 대서양까지 갈 수 있을까'라는 질문을 자신을 향해 수없이 던졌는데, 어느새 내가 대서양의 비릿한 바다 냄새가 느껴지는 곳까지 와 있다. 하지만 넘어야 할 난관이 하나 남아 있다. 어제 캠핑장 주인이 내게 날린 직격탄이 계기가 돼서 마음을 바꾸었다. 짐을 먼저 보내는 것과는 상관없이 어떤 희생을 감수하고서라도 블루리지 산맥Blue Ridge Mountains을 내 두 발로 반드시 오르겠다고 마음을 굳혔다. 설사 무릎을 다쳐서 병원에 눕는 한이 있더라도 이번 여정의 마지막에 후회를 남기고 싶지 않다.

오전 6시에 캠핑장을 출발했다. 다행히 하늘에 구름이 잔뜩 끼어 있어서 크게 덥지는 않을 것 같다. 14km의 평탄한 도로주행이 끝나니, 마침내 호랑이 굴이 시작되는 베수비우스 Vesuvius가 나타났다. 호랑이 굴로 들어 가려니 잔뜩 긴장되는 게 느껴졌다. 초반 1마일(1.6km)을 지나니 드디어 오르막이 시작되었다. 아직은 우려할 만한 경사도의 고갯길은 아니다. 이제 곧 심장이 터질 것 같은 언덕이 나타나겠지 하며 잔뜩 긴장해서 페달 밟기에 몰두했다. 기어를 최대한 가볍게(1x1) 세팅하고 천천히 밟아 갔다. 하지만 시간이 흘러도 숨 막힐 정도의 급경사 고개는 나타나지 않았다. 오르고 또 올라도 며칠 전에 경험했던, 너무 과한 심장 펌프질로 피가 역류하는 듯했던 그래서 숨이 목까지 차서 호흡할 수 없었던, 그런 고통을 주는 오르막은 나타나지 않았다. 두 차례의 휴식시간을 갖고 1시간 11분 만에 5.65km를 올라서 56번 도로가 '블루리지 파크웨이'Blue Ridge Parkway와 만나는 지점에 도착했다. 나는 소리쳤다. "해냈다. 내가 해냈다." 지금처럼 무거

과연 내가 오를 수 있을까 걱정하고 걱정했던 블루리지 파크웨이Blue Ridge Parkway에 예상했던 것만큼 어렵지 않게 올랐다. 그동안 체력이 좋아졌는지, 아니면 소문만큼 업힐 경사도가 급하지 않았는지 모르겠다.

운 짐보따리를 가지고는 결코 오를 수 없을 거라는 블루리지 산맥에 90일간 생사고락을 같이한 패니어를 가지고 당당히 올라선 것이다.

기대가 크면 실망도 큰 법. 최고의 드라이브 코스라는 평가를 받는 블루리지 파크웨이는 오르느라 고생했던 만큼의 기쁨을 나에게 주지 못했다.

블루리지 파크웨이는 전체 길이 469마일(755km)이다. 블루리지 산맥의 능선을 따라 노스캐롤라이나의 그레이트스모키 산맥 국립공원에서부터 버지니아의 록피시갭Rockfish Gap까지, 세계에서 가장 길고 좁은 국립공원이라 일컬어진다. 나는 블루리지 파크웨이의 전체 구간 중에서 27마일 (44km)를 주행했다. 아쉬움을 남기지 않으려고 비장한 각오로 오른 블루리지 파크웨이(BRP)는, 미국인들이 세상에서 가장 아름답다고 믿는 것만큼 나에게 커다란 환희를 주지 못했다. 단풍이 곱게 물들 가을철에 주행해야 제맛을 느낄 수 있지 않을까 싶다.

블루리지 산맥을 넘어서 미국 횡단 자전거 여행자들에게 전설이었던 고故 '준 커리'June Curry(2012년 작고)가 생전에 무료로 운영하던 애프턴Afton의 '쿠키 레이디 하우스'에 도착했다. 그녀는 다음 날 숙소를 나서는 여행자들에게 쿠키를 선물했다고 해서 '쿠키 레이디'Cookie Lady로 불렸다. 하지만 그녀가 세상을 떠난 이후에, 새로 쿠키 레이디가 된 여자가 집 안을 청소하지 않는다는 소문을 트라우트빌Troutville의 동네 할아버지에게서 들었다. 역시 그의 말이 맞았다. 방 안은 온통 개털로 뒤덮여 있었다. 이틀 전에 가겠다고 예약했지만, 숙소에는 아무도 없었다. 소파에 앉으려

미국 횡단 자전거 여행자들에게 전설이었던 故 '준 커리'June Curry의 '쿠키 레이디 하우스'는 이제는 사람 체취 대신에 개털만 가득했다.

고 개털을 털어 내다가 그냥 이곳을 떠나기로 마음을 바꾸었다. 그동안 벌레 물린 부위가 가려워서 아직도 밤에 자지 못하는데, 오늘 밤 그 집에서 숙박했다가는 가려움이 도져서 도저히 안 되겠다 싶었다.

애프턴에서 22마일(35km) 떨어진, 내일 경유하려던 샬러츠빌Charlottesville로 향했다. 구글맵의 자전거 길은 라이더를 산으로 보내지 못해서 안달 난 사람이 만들지 않았나 싶다. 아니면 라이더들이 산길 여행을 좋아한다고 착각했거나. 이번 여정의 또 다른 하이라이트인 블루리지 산맥을 힘들게 넘었고, 애프턴의 쿠키 레이디 하우스를 찾느라고 가파른 언덕을 두 번이나 내려갔다가 오르느라 기력을 완전히 소진해서 남아 있는 힘이 없었다. 이런 상황에서 구글맵이 또다시 언덕길로 가라고 하니 그냥 땅바닥에 주저앉고 싶은 심정이다. 나는 평소 라이딩할 때 에너지를 전부 쓰지 않고 비상용으로 일부를 꼭 남겨 놓는다. 그래야 비상상황이 닥쳐도 대처할 수 있는 여지가 있고, 또 다음날 주행할 때도 전날의 후유증이 남지 않아서 정상적인 라이딩이 가능하다. 하지만 오늘은 내게 남아있는 모든 기력을 다 쓰고 말았다. 이렇게 기진맥진할 때는 휴식을 취하고 얼른 잠자리에 들어야 하는데, 오늘 밤은 텐트를 치고 취사까지 해야 하니 할 일이 많다. 피로회복은 고사하고, 피곤이 더 가중되지 않을까 걱정스럽다.

82일차 Charlottesville – Mineral

숙소 Fire Department 뒷뜰 거리 82km 누적 거리 5,874km

우유부단이 빚은 참사…

탱탱하게 당겨진 고무줄처럼 언제 끊어질지 모르는 긴장감과 불안감을 가지고 태평양에서 이곳까지 달려왔다. 이렇듯 피곤함에 지친 하루를 마감하고 잠자리에 들면 아침에 일어나고 싶지 않은 때가 많다. 간밤에 자는데 번쩍번쩍하는 섬광에 눈을 떴다. 새벽에 마른번개가 치고 있었다. 비가 오는 것은 아니어서 계속 잠을 청했다. 하지만 설마 하는 마음은 단지 기대에 불과했다. 어느 순간 텐트를 강하게 때리는 빗소리가 들렸다. 비는 곧바로 폭우로 변했다. 너무 갑작스럽게 상황이 돌변한 것이다. 그때 일어나서 어떤 조치라도 취해야 하는데, 어제 온종일 힘들게 주행해서 일어나기가 정말 싫었다. 더 결정적인 실수는 텐트가 방수되는 것으로 착각한 것이다. 처음에는 내 바람처럼 비를 막아 주는 것 같더니 어느 순간부터 빗물이 텐트 천장을 뚫고 바닥으로 떨어지기 시작했다. 금세 텐트 바닥에 물이 고이기 시작했고 매트리스가 축축해졌다. 그런 돌발상황에서도 피곤하고 귀찮아서 텐트 덮개 (플라이)를 쳐야 한다는 결정을 내리지 못했다. 폭우가 쏟아지는 캄캄한 밤에 비를 맞고 덮개를 칠 엄두가 나지 않았다. 상황은 점점 악화되었다. 도저히 더는 버틸 수

폭우가 내리는데도 뭉그적거리다가 제때 방수 덮개를 치지 못해서 텐트 안은 물바다로 변했다.

미네럴 Mineral 의 소방서 야외 마당에 아이오와 출신의 '스티브'Steve 와 나란히 텐트를 치며 하룻밤을 보냈다.

없는 지경이 돼서야 텐트 덮개를 들고 밖으로 나갔다. 그러나 텐트 안은 이미 온통 물바다가 된 뒤였다. 계속 폭우가 쏟아지고 있으니 상황수습을 포기하고 잠이나 더 잘 요량으로 우비를 꺼내 입었다. 빗물이 출렁거리는 텐트 바닥에 우비를 입고 드러누웠다. 다행히 우비가 바닥의 물기를 차단해 주어서 눈을 붙일 수 있었다.

미국 횡단 여행이 종착점에 가까워지니 이런저런 상념이 많이 든다. 솔직히 여행 기간 내내 혼자였기에 늘 가슴 한구석이 비어 있는 느낌이었다. 다른 뭔가로 채워도 채워도 늘 부족하고 허전하기는 마찬가지였다. 그게 바로 가족의 빈자리가 아닐까 싶다. 몇 년 전, 혼자서 태국을 50여 일간 자전거 여행할 때는 현지인들과 말이 통하지 않아서, 외로움에 여러 번 눈물을 흘렸다. 이번 미국 여행도 혼자라서 그 점을 많이 걱정했다. 하지만 가족 같은 웜샤워 호스트를 만나고 그들과 대화하며 소통하니, 비록 혼자 하는 여행이라도 그렇게 심한 외로움을 느끼지 않았다. 차츰 여행 기간이 길어지고 체력적 한계가 느껴지니, 가족 생각이 많이 나고 마음 한구석이 공허한 것은 어쩔 수 없나 보다.

83일차 Mineral – Glendale

숙소 교회 **거리** 115km **누적 거리** 5,989km

너무나 고마운 미국 교회

동서양을 막론하고 나이 든 사람의 공통점은 아침잠이 없는 게 아닐까 싶다. 어젯밤 내 옆자리에 텐트를 쳤던 아이오와 출신의 67세 '스티브'Steve 역시 예외가 아니었다. 자신은 평소 새벽 5시 30분경에 출발한다고 하더니 오늘은 꼭두새벽인 5시에 길을 나섰다. 그의 부스럭거리는 소리에 잠이 깨서 덩달아 출발 준비를 하다 보니, 나도 평소보다 이른 오전 5시 30분에 출발하게 되었다. 이번 여정의 종착지인 요크타운이 점점 다가오면서 슬금슬금 조급한 마음이 들기 시작했다. 목적지에 다가갈수록 더 빨리 끝을 보고 싶은 마음이 생긴 것이다. 시간은 가만히 있어도 저절로 흘러가지만, 자전거는 페달을 돌리지 않으면 절대로 굴러가지 않는다. 그래서 열심히 페달을 밟지만, 남은 거리가 줄어드는 느낌이 없으니 답답하다. 자전거로 또다시 미국을 횡단하지 않고서는 이 지역의 절경을 두 번 다시 보지 못할 텐데, 이런 풍경을 외면하고 내 시선은 땅바닥을 향하고 있다. 많이 지쳐 있다는 증거다.

앞의 코너만 돌면 바로 숙박할 교회가 있다고 식품 판매대 종업원이 귀띔해 주었다. 그래서 쉽게 찾을 수 있을 것으로 생각했지만, 한참

버지니아에는 미국 남북전쟁 당시의 유적지Battlefield가 곳곳에 있다. 156번 도로는 미국의 사적지를 둘러볼 수 있는 루트였다.

안락한 잠자리를 제공해 준 윌리스 연합 감리교회Willis United Methodist Church에 감사의 마음을 전하고 싶다.

을 헤매고 헤매다가 교회 담당자에게 긴급연락을 취하고 나서야 윌리스 연합 감리교회Willis United Methodist Church를 찾아갈 수 있었다. 이 교회는 목사님과 여러 담당자 중의 한 사람에게 사전에 숙박한다고 연락을 해야 이용할 수 있다. 여행자를 위한 교회의 편의 시설은 완벽했다. 지친 라이더에게 무한 편의를 아낌없이 제공해 준 교회에 깊은 감사의 마음을 전하고 싶다. 덕분에 오늘 저녁은 푹 쉬고, 내일 대서양을 향한 마지막 주행을 힘차게 할 수 있을 것 같다.

내일은 미국 횡단 여행의 종착지인 버지니아 요크타운에 입성한다. 84일간의 대장정이 끝난다고 생각하니 가슴이 벅차오른다. 캘리포니아에서부터 지금의 버지니아까지 잊을 수 없는 장면들이 주마등처럼 스쳐 지나간다. 사람은 자연 속에서 살아야 한다는 말들을 한다. 그러나 나는 자연보다 다른 사람과 더불어 살아야 한다고 생각한다. 이번 여행 중에 접한 빼어난 풍경과 사물에 대한 기억보다는, 만나고 접촉한 사람에 대한 추억이 더 많이 떠오른다. 만약 누가 이번 여행을 통해서 무엇을 얻었고, 무엇을 잃었는지 묻는다면 뭐라고 대답할까? 딱히 할 말은 없다. 이처럼 얻은 것도 잃은 것도 없지만, 좋았던 그래서 기억에 남는 것을 꼽으라면 열 손가락으로는 부족할 듯하다. 반대로 잊고 싶었던 그래서 기억하고 싶지 않은 추억을 말하라면, 글쎄 그런 게 있었을까 싶다. 그렇다면 남는 장사를 한 셈이 아닐까? 많은 사람으로부터 분에 넘치는 친절과 호의를 받았고, 덕분에 피곤해도 피곤하지 않은 그런 여행을 할 수 있었으니 말이다. 이제 미국 횡단 84일간의 여정이 추억의 장으로 넘어가려고 한다.

84 일차 Glendale – Yorktown

숙소 교회 **거리** 102km **누적 거리** 6,091km

대서양이 앞을 가로막아… …

83일 전, 샌프란시스코에서 출발해서 하루하루 페달을 돌리다 보니 어느새 대서양까지 딱 100여 킬로미터 남았다. 어떤 미국인은 주행거리를 물으며 6,000km는 자동차로도 가기 힘들어서 비행기를 타지 않으면 절대 가지 않을 거리라고 놀라워한다. 그런 엄청난 거리를 두 다리로 자전거 페달을 돌려서 왔다고 생각하니 슬그머니 눈가에 눈물이 맺힌다. 나에게 편안한 잠자리를 제공해 준 윌리스 연합 감리교회에 고마움을 전하기 위해서 감사 메모와 함께 선물용 '복주머니'와 '책갈피'를 놓고 나왔다. 이런 작은 선물로 내 마음을 제대로 전달할 수 없겠지만, 그렇게라도 감사한 마음을 전하고 싶었다.

출발하려고 교회 문을 열고 나서는 순간, 어제는 느끼지 못했던 습한 공기가 훅 와 닿는다. 미국이라는 나라는 참으로 넓다. 캘리포니아와 애리조나는 너무 건조한 날씨라서 입술이 갈라져 음식을 먹지 못할 정도였는데, 이곳은 한국의 여름보다 더 후덥지근했다. 거기에 비릿한 바다 냄새까지 느껴졌다. 버지니아도 한국의 4대강 자전거 길처럼 남북전쟁 트레일Civil War Trail을 잘 꾸며 놓았다. 역시 부자 나라답게 트레일의 규모가 컸다. 그 길에는 토요일을 맞아서 자전거를 끌고 나온 동네 아저씨, 아줌마부터 전문 선수까지 있었다. 바로 옆으로 밀밭과 옥수수밭, 울창한 나무숲이 이어져서 햇볕을 차단해 주니 경관뿐만 아니라 몸까지 시원했다. 트레일에서 태극기와 성조기를 꼽고 지나가는 나에게 지대한 관심을 표하는 미국인이 많았다. 조금 과장한다면 나에게 말을 붙여보려는 사람들이 줄을 섰다. 건방이 하늘을 뚫고 올라갈 기세다. 이렇게 건방을 떨다가 오늘도 길을 잃었다. 넋을 놓고 가다 보니 생뚱맞게 영국에서 온 첫 이주민이 정착한 제임스타운 섬Jamestown Island 이 나왔다. 덕분에 색다른 풍경을 감상할 기회를 가졌다.

요크타운 코앞에 있는 윌리엄스버그Williamsburg는 특이한 구조의 도시였다. 큰 나무정원에 건물이 내려앉은 듯한 느낌의 전원도시 같았다. 도로는 흔하디흔한 아스팔트 포장이 아닌, 콘크리트에 작고 납작한 자갈을 섞어서 만들었다. 이러니 바닥에서 잔 진동이 올라와서 승차감이 좋을 수

버지니아의 남북전쟁 트레일Civil War Trail에는 휴일을 맞아서 많은 사람들이 자전거를 타고 있었다.

없었다. 자전거 여행자들이 아주 싫어하는 포장상태였다. 한국과 달리 미국에서는 기차에 자전거를 실을 때 포장 상자에 자전거를 넣어야 한다. 포장 상자를 구할 수 있는지 알아보려고 윌리엄스버그 암트랙 Amtrak 역을 찾아갔다. 내 말이 끝나자마자 역무원은 마치 나를 위해서 준비해 놓은 것처럼 금방 종이상자를 가지고 나왔다. 그런데 그녀는 청천벽력 같은 이야기를 했다. “윌리엄스 역에서는 암트랙에 자전거를 실지 못한다.” 나는 적잖이 당황할 수밖에 없었다.

최선이 안 되면 차선을 찾을 수밖에 없다. 바로 옆 그레이하운드 Greyhound 판매대를 찾아가서 고속버스표를 예매했다. 그렇지만 또 다른 골칫거리가 있었다. 암트랙 역에서 구해 놓은 자전거 포장 상자를 내일까지 보관할 장소를 찾아야 했다. 친절한 역무원과 이곳저곳을 다녀 보았지만, 마땅한 장소를 찾지 못하고 결국 역사驛舍 내에 두기로 했다. 나를 열심히 도와준 흑인 여직원은 내일 근무자가 부피 큰 자전거 상자가 사무실 안에 있는 것을 어떻게 생각할지 모른다며 걱정했다. “뭐 어떻게 되겠지요.”워싱턴D.C. 가는 교통편을 어렵사리 확정하고, 대망의 목적지인 요

윌리엄스버그Williamsburg의 돌다리와 암트랙 Amtrak역이다. 그레이하운드 매표소가 역사驛舍 내에 있었다.

대서양을 내려다볼 수 있는 요크타운의 그레이스 에피스코팔 교회Grace Episcopal Church에서 미국 자전거 횡단의 마지막 밤을 보냈다.

크타운으로 향했다. 지도상으로는 바로 대서양을 따라가는 길이라서 낭만적인 코스일 것으로 생각했는데, 그게 아니었다. 작은 자갈이 깨강정처럼 박힌 콘크리트 포장도로에 갓길이 없었다. 게다가 지나다니는 차량마저 적지 않았다. 이번 여정의 마지막까지 사람을 긴장하게 하였다. 20km를 두 시간 반 넘게 주행하고 나서야, 미국 독립전쟁 종전의 중요한 획을 그은 전투가 벌어졌던 요크타운에 도착했다. 인터넷에서 익히 봐와서 낯익은 숙박 교회를 어렵지 않게 찾아갔다. 언덕 위에 자리 잡아서 한여름 피서객으로 붐비는 바닷가 모습을 한눈에 볼 수 있는, 별장 같은 그레이스 에피스코팔 교회Grace Episcopal Church였다. 은총 성공회 교회의 담당자 '존'John으로부터 숙소 안내를 받고, 인근의 레스토랑에서 무사 횡단기념 자축 저녁 식사를 먹었다.

샌프란시스코를 2015년 3월 29일에 출발해서 84일간 약 6,100km를 달려 버지니아 주 대서양 연안의 요크타운Yorktown에 당도했다. 더 가고 싶었지만, 대서양이 앞을 가로막아 이곳에서 여정을 멈출 수밖에 없었다. 나이 60에 정말 대단한 여행을 무사히 마쳤다고 생각하니 눈가에 슬그머니 눈물이 고였다.

고맙게도 '존'은 내일 아침에 윌리엄스버그 시내까지 자동차로 나를 데려다주겠다고 한다. 그의 배려 덕분에 자전거 분해작업을 윌리엄스버그 암트랙역이 아닌, 숙소에서 편하게 할 수 있게 되었다. 그런데 포장 상자에 자전거를 담으려면 페달을 빼야 하는데, 예상치 않은 난관에 봉착했다. 자전거 페달을 얼마나 단단하게 조여 놓았는지, 아무리 렌치로 돌려도 페달이 빠지지 않았다. '존'과 한참을 끙끙대다가 결국 마지막 수단을 동원했다. 긴 강철 파이프를 가져와서 지렛대처럼 렌치에 끼워서 돌리니 그제야 페달이 돌아갔다. 만약 나 혼자서 윌리엄스버그 역에서 페달 해체 작업을 했다면 어떻게 되었을까? 생각만 해도 아찔했다. 이번 여행하면서 수없이 느낀 것은 피 한 방울 섞이지 않은 타인을 위해서 자신의 모든 것을 주는 고마운 분들이 참으로 많다는 것이다. 이런 것도 미국을 오늘날 세계 최강 대국으로 만든 원천이 되지 않았을까 한다.

오늘 미국 횡단을 마쳤다. 이제는 더 가려고 해도 대서양이 앞을 가로막아서 전진할 수가 없다. 2015년 3월 29일 샌프란시스코에서 출발해서, 4월 12일 로스엔젤레스 인근 벤추라Ventura의 태평양 바닷물에 손을 담그고 힘찬 출발을 외쳤다. 그로부터 84일이 지난 2015년 6월 20일 오후 3시 40분 버지니아 요크타운Yorktown의 대서양에 자전거 앞바퀴를 담갔다. 총 6,100여 킬로미터의 절대 쉽지 않은 여정이었다. 벅찬 감동이 일어날 줄 알았는데, 예상 밖으로 덤덤하다. 극한에 도전했던, 그래서 행복했던 이번 여행이 앞으로 내 삶에 어떤 모습으로 투영될지는 모르겠다. 그렇지만 궁극적으로는 긍정적이고 의미 있는 여행이었다는 것을 스스로 증명해 보이는 삶을 살아가리라는 것은 분명하다.

에필로그 epilogue

조약* (15.05.30)

무어라 격려의 말씀을 드려야 할지요. 미국횡단 60일차에 일리노이주에 들어가셨으니 이제 그의 끝이 보일 것 같습니다. 하지만 아직도 남은 길이 쉽지만은 않을 것입니다. 아마도 웨스트버지니아주를 지나셔야 할텐데 거기 아팔란치아산맥의 여러 개의 고지들이 젖먹던 힘까지 짜아내게 할 것입니다. 홀로 60일을 달리신 것은 실로 인간 승리의 진면목을 보여 주시는 것입니다.

팀이 아니고 솔로로 도전하셨을 때 과연 혼자서 해낼 수 있을까? 솔직히 못하실 줄 알았는데 60일을 달려 목적지를 얼마 남기지 않았으니 진정 경의를 표합니다. 그 길은 안 가본 사람은 짐작이 어려운 그런 길이니까요. 건강에 특히 유의하시고 완주를 기원합니다.

Oisy (15.05.14)**

인간이 이기적 동물이 맞는 거 같네. 사무실에서 친구의 여행기를 읽는 즐거움이 쏠쏠하네.

그런데 여행이 끝나면 이 즐거움도 날아갈 거 아닌가? 이런 생각이 드네. 나도 간접 미국 횡단여행을 하고 있다는 얘기지. 누구는 힘든 여행을 하고 있는데 말이여. 별탈 없이 여행을 마쳤으면 하네. 건강, 안전, 마니 즐기기

Sun(15.06.21)**

출발 시점에서 "여정이 행복하다."라는 말로 여행 중 행복과 함께 따라올 수 밖에 없는 힘든 시간을 잘 넘기셨으면 하는 바램을 보내 드렸는데, 이제 가야 할 길의 끝에 서서 앞으로 갈 길에 대한 걱정 없이 지나온 길을 되돌아 보는 가슴 벅찬 순간을 맞게 되셨네요. 그 행복 그 기억은 오랫도록 님 곁에 머물며 많은 이들이 님을 말할 때 두고두고 입술에 올리게 하는 화두가 될 것입니다. 건강한 모습으로 서울에서 뵙겠습니다.

해양(15.06.22)**

사람마다 마음 속에 가지고 있는 꿈들이 있는데 그것을 이룰 수 있는 용기를 배웠습니다. 고생하셨습니다.

cjf(15.06.22)**

나의 로망을 완성하신 분입니다. 축하드립니다.

Con(15.06.15)**

어쩌다가 선생님의 여행기를 발견하게 되었습니다. 어제 저녁부터 감동에 휩싸여 정주행 중입니다. 저도 언젠가 선생님처럼 출발할 수 있을 거라 생각하고 그런 날을 꿈꿔봅니다. 생생한 글 감사드립니다.

Due(15.06.29)**

출국부터 귀국까지 글자 한자, 사진 한 장까지 다 필독하였습니다. 업무시간에도 연재물이 궁금하여 보기도 하였지요. 정말로 많은 사연과 우여곡절을 세세하게 남겨 주셔서 제가 자전거여행을 하는 흥미진진함을 맛보았습니다. 자전거여행에 관심이 있는 분은 한번쯤 꿈꾸는 동경이지요.

(중략)

자여사 등을 통해서 젊은 친구들이 미국 대륙횡단 수기들을 많이 보았습니다. 실례되지만 60대 연세에 도전하는 열정에 저 또한 할 수 있는 확신이 들고 그 열정에 박수를 보내드리고 싶습니다.

소소한 사연들과 힘겨운 날을 글을 통하여 같이 공감하였습니다. 그러나 힘든 시간들에 연연하지 않으시고 몸 건강히 성공하셔서 진심으로 축하드립니다. 마지막으로 중년의 자전거 매니아들이 꿈꾸는 그 날을 위해 도전의 길잡이가 되어 주셔서 감사의 인사를 드립니다.

레드(15.06.28)**

파노라마 사진처럼 선명하게 기술하신 일지를 잘 보았습니다. 다음에 횡단에 도전하는 사람들에게 좋은 사례로 도움이 될 것입니다. 항상 도전하는 삶을 견지하시길 바랍니다.

조약(15.06.22)**

자전거를 타는 사람으로서 마치 다시 한번 미대륙횡단을 한 것처럼 너무나 가슴이 벅차고 흥분됨을 느낍니다. 한편, 모든 것을 끝낸 뒤에 오는 허탈감과 내 삶의 목적 중에 어느 하나가 없어진 데에 대한 상실감도 있는 듯합니다. 저의 이런 기분은 님의 미대륙 횡단을 하시는 동안 아마 달리시는 그 길을, 모든 것을 상상하며 같이 달렸기 때문이 아닐까 생각합니다.

인간의 한계를 가늠해 보는 미 대륙횡단을 무사 완주하심을 진심으로 축하드립니다. 정말 수고 많으셨습니다.

박스(15.07.10)**

많은 사람들한테 이런 분이 있다고 블로그를 보여주며 자랑했고 나도 하고 싶다고 했습니다.

조약(15.07.10)**

지금까지 기록해 오신 것은 정말 사실감이 있고 미국대륙횡단에 대한 동경을 가지신 분들이나 자전거인들에게 있어 최고의 후기였다고 생각합니다.

부록 ★ ★ ★ ★ ★ ★ ★ ★ ★ ★

미국 자전거 여행

나는 이렇게 준비하고, 이렇게 끝마쳤다.

1

내 자전거와 여행용품

직장을 다닐 때인 2010년에 퇴직 후의 여가활동을 염두에 두고 여행용 자전거를 구입했다. 트렉Trek 520이라는 모델이다. 한국에서는 여행용 자전거로 셜리Surly가 많이 팔리지만, 나는 미국에서 인기가 있다는 모델을 골랐다. 당시 구입가격은 130만 원이었다.

거기에 여행할 때 짐을 담을 수 있는 뒤 패니어를 '자여사'(자전거로 여행하는 사람들)의 공동구매를 통해서 구입했다. 앞 패니어는 독일 제품인 빨간 색 오트립을 구매했다. 자전거 구입비용 이외에 대략 100만 원 정도를 들여서 전립선 안장과 클릿 페달까지 장만했다. 이렇게 언제라도 떠날 수 있게 자전거 여행용품 일체를 구입했는데, 그 당시는 직장을 다닐 때라서 과연 소망대로 퇴직 후에 자전거 여행을 할 수 있을지 자신할 수 없었다.

2 가족의 승낙 받기

홀로 장기간 미국을 횡단한다고 하면 가족들이 쉽게 승낙할 수 있을까? 높은 산을 넘어야 하고 황량한 사막을 건너야 한다면, 심지어 빠른 속도로 차가 다니는 길을, 아니면 날마다 총격 사고로 사람들이 숨지는 나라를 3개월 가까이 자전거로 횡단한다고 하면, 어느 부인이 단번에 갔다 오라고 대답할 수 있을까? 아마 대부분의 부인은 반대하지 않을까 싶다. 나 역시 마찬가지였다. 그래서 나는 가까운 친구의 도움을 받아서 안사람을 설득했다. 미국 횡단은 자전거 여행을 즐기는 사람들의 마지막 로망이라고. 앞으로는 더는 그런 도전을 하지 않겠다는 약속까지 했다.

예상한 대로 설득이 쉽지 않았다. 그렇다고 포기할 수 없는 법. 처음에는 미국 이야기만 나오면 반사적으로 거부반응을 보이던 안사람은, 나의 집요한 설득에 조금씩 마음의 빗장을 열었다. 그렇게 한 달을 밀고 당기는 노력을 기울인 끝에, 겨우 반허락을 받아내서 대장정에 오를 수 있었다.

3 체력 준비

내 체력으로 과연 미국을 무탈하게 횡단할 수 있을까 하는 걱정이 많았다. 거기에 출국 일자가 겨울이 막 물러난 3월 말이라서 체계적인 체력준비를 할 시간이 없었다. 그래서 아파트 베란다에 고정식 롤러를 설치해 놓고 시간 나는 대로 틈틈이 페달을 돌리며 체력을 끌어올렸다. 2월 중순부터는 장거리 야외훈련이 필요해서 날씨가 춥지만, 자전거를 끌고 밖으로 나갔다.

주행 코스는 한남대교를 출발해서 강북 자전거도로를 이용해 양수역까지 간 다음에 벗고개와 서후고개, 선어치를 차례로 넘었다. 점심을 설악면에서 먹은 후에 청평을 거쳐서 다시 강북 자전거도로를 타고 집으로 돌아왔다. 주행거리는 150km 정도였으며 일주일에 한 번씩 다녀왔다.

그렇지만 미국은 한국과 자연환경이 너무나 다르니, 얼마나 더 체력 준비를 해야 할지 답답했다. 그런데 정작 미국에서 힘들다고 느낀 것은 주행거리가 아닌, 짐 무게였다.

4 호스트를 위한 선물 준비

부피가 작으면서 품위가 있고, 한국의 전통을 알릴 수 있으며 가격까지 비싸지 않은 것이 있을까? 있었다. 우리의 전통 문양이 들어간 책갈피와 복주머니였다. 인사동 선물매장에서 50개를 구입했다. 이것들을 호스트 집 주변의 식료품점에서 산 과일 상자와 함께 선물했다. 한국에서 만들어간 명함도 같이 건넸다. 대부분의 호스트는 전통 문양의 책갈피와 복주머니에 감동하는 모습을 보여주었다. 이처럼 작은 선물로 큰 신세를 갚을 수는 없지만, 마음을 전하는 선물로서는 괜찮은 선택이었다.

5 태극기와 성조기 구입

자전거에 태극기와 성조기를 꼽고 다니면, 나는 민간 외교관으로서 품위유지를 할 것이고, 애국심이 투철한 미국 운전자들은 성조기를 달고 가는 나를 존중해 주지 않을까 싶었다. 그 덕분에 한국에서 왔느냐고 반갑게 묻는 미국인을 종종 만날 수 있었다. 구입처는 탑골공원 옆의 국기 전문 매장이다.

6 유심(USIM)칩 구입

미국 통신사는 Verizon, AT&T, Sprint, T-Mobile 등이 있다. 나는 가격이 상대적으로 저렴한 티모바일 T-Mobile을 이용했는데, 유심칩은 출국 전에 서울 종로의 대리점에서 구입했다. 티모바일은 다른 통신사에 비해서 커버리지가 넓지 않았다. 대도시는 인터넷이 연결되지만, 작은 도시에서는 인터넷이나 전화를 사용할 수 없었다. 여행 중에 만난 다른 여행자들은 대부분 버라이즌이나 AT&T를 사용하고 있었다.

7 여행자보험 가입

출국 전에 자전거 여행보험에 가입하려고 백방으로 보험사를 찾았다. 그렇게 겨우 찾아낸 보험사의 상품 약관을 살펴보고 실망하지 않을 수 없었다. 미국에서 치료를 받게 되면 내 비용으로 치료비를 먼저 계산하고 한국에서 보험사에 청구하는 방식이었다. 만약 큰 사고라도 나면 병원비가 비싸다는 미국에서, 사용한도가 정해져 있는 신용카드로만 계산할 수 있는지 알 수 없어서 보험가입을 철회했다. 다행히 지인이 미국 에이스 보험사를 찾아내서 다시 가입(보험금 1억 원, 보험료 12만 원)할 수 있었다. 그렇지만 보험상품의 여행목적이 일반관광이라서 자전거 여행 중 발생한 사고도 보험금을 지급하는지 알 수 없었다.

8 국제운전면허증 신청

미국을 횡단하다 보면 렌터카를 빌려야 할 경우가 있을 수 있다. 그럴 경우를 대비해서 국제운전면허증을 발급받아서 가면 좋을 것이다.

9 자전거 정비기술 숙지

단순히 펑크를 때울 수 있는 수준의 기초적인 정비지식만 있으면 되지 않을까 싶다. 혹시 운 나쁘게 사막 지역에서 바람에 날린 선인장 가시가 타이어에 박혀서 뺄 수 없을 경우도 있으니 족집게를 준비해도 좋다. 나는 84일간 두 번 펑크가 났지만, 기계적 결함 때문에 네 차례나 정비업소를 찾아가야 했다. 이런 종류의 고장은 현지 자전거 가게에 가서 수리하면 된다. 자전거 가게 주소는 모험자전거협회 ACA 지도에 나와 있다.

10 서진 또는 동진?

미국 횡단은 대서양에서 태평양으로 가는 서진과 반대로 태평양에서 대서양으로 가는 동진, 두 가지가 있다. 진행방향에 따른 장단점이 각각 있지만, 대부분 사람들은 대서양에서 태평양으로 가는 서진을 택한다. 그것은 미국 서부개척의 역사에서 비롯되지 않았나 싶다. 서진하는 라이더들은 동부에서 서부로 가면 해발고도가 조금씩 높아지고, 동풍보다는 서풍 부는 날이 많아서 고생한다고 불평한다. 나는 샌프란시스코에서 로스앤젤레스까지의 태평양을 먼저 종단하고 싶어서 부득이 동진을 택했지만, 나 역시 맞바람 때문에 적지 않은 좌절을 겪었다. 그러니 꼭 서풍이 많다고 단정 지을 수 없지 않을까? 그것보다는 서진이 오전에 햇볕을 등져서 눈이 덜 부시고, 사진을 찍어도 역광을 피할 수 있어서 좋을 것 같다.

11 여행경로 구상

먼저 출발지와 목적지를 결정하고 두 곳을 연결하는 경로를 구상한다. 그리고 어디에서 숙박할지는 구글지도를 보면서 결정하면 된다. 통과하는 지역에 카우치서핑 또는 웜샤워 멤버가 있으면 주저하지 말고 호스트 요청편지를 보내보자. 나도 처음 웜샤워 멤버에게 편지 보낼 때 많이 망설였지만, 뜻밖에도 진심 어린 환대를 받았다. 인터넷 사이트에 들어가면 어렵지 않게 편지를 보낼 수 있다.

12 경로 구상 시 유의사항

미국으로 출발하기 전에 두어 달 동안 어떤 코스로 횡단하면 보다 안전하고 경비를 절약할 수 있는지 인터넷 검색을 했다. 먼저 프리웨이는 법적으로 자전거가 다닐 수 없고, 하이웨이는 차량 통행이 많은 점을 고려했다. 경비 절약을 위해서 텐트를 칠 수 있는 RV Park 또는 RV Resort에 접해 있는 도로를 경로에 포함시켰다. 그러나 미국에 와서야 KOA와 일부 RV 캠핑장을 제외하고는 대부분의 RV Park에서는 텐트를 칠 수 없다는 것을 알았다. 결과적으로 2개월 동안 헛수고를 한 셈이었다.

• KOA(Kampground Of America) : 2015년 현재 미국과 캐나다에 485개의 캠핑장을 운영하는 체인 캠핑장으로, 다른 사설 캠핑장보다 시설이 좋은 반면에 이용료는 비싸다.

13 횡단은 언제?

사람마다 추위와 더위에 대한 호불호가 달라서 정답은 없다. 미국을 횡단하는데 대략 3개월이 걸리기 때문에 추운 날과 더운 날을 피해서 출발 날짜를 잡는 게 중요하다. 나는 4월 초에 대서양이나 태평양에서 출발해서, 6월 말에 태평양이나 대서양에 도착하는 것을 추천하고 싶다. 다만 미국 중서부지역은 5월 초까지 춥다는 것과 6월 중순 이후에는 덥다는 것을 고려해야 한다.

14
동반자가 필요할까?

예전에 미국 서부지역을 자동차로 여행한 적은 있지만, 자전거로 횡단하는 것은 처음이라서 솔직히 겁나고 두려웠다. 나도 다른 사람들처럼 여러 명이 같이 가고 싶어서, 인터넷 카페에 글을 올려 동반자를 찾았다. 관심이 있다고 몇 명이 메일을 보내 왔지만, 마지막까지 남은 한 사람을 빼고 나머지는 관심만 가진 수준이었다. 마지막 희망이었던 한 사람은 가정 형편 때문에 간다, 못 간다를 두 차례 번복했다. 출국 나흘 전에 끝내 가지 못하겠다는 연락을 보내왔다. 미국을 횡단할 자신이 없다는 이유였다. 미국을 단독 횡단하는 것이 너무나 큰 모험이었기에 나의 충격은 컸다. 혼자 횡단하다 보면 어떤 일이 벌어질지 몰라서 서로 의지하려고 했는데, 동반자가 갑자기 없어졌으니 머릿속이 복잡해졌다. 하지만 무슨 일이 있어도 반드시 가려고 작정한 상태라서 도전을 취소한다거나 미루지 않았다. 이것이 동반자를 구하지 못하고 나 혼자 미국으로 떠나게 된 이유다.

3개월 가까이 동반자와 지내다 보면, 체력적으로나 정신적으로 힘든 상황에서 서로 의견이 맞지 않을 때가 종종 있을 것이다. 서로 조금씩 양보하고 이해한다면 더없이 좋겠지만, 그게 쉽지 않을 수 있다. 그러한 어려움을 극복할 자신이 있다면 동반 여행을 적극적으로 추천하고 싶다. 한국에서 같이 갈 동반자를 구하지 못했다고 실망하지 말라. 미국에서 구해도 된다. 버지니아주 요크타운에 이틀만 머물면 태평양을 향해서 출발하는 사람들을 많이 볼 수 있다. 주저하지 말고 그들과 동행이 되어보라. 서양인 일색인 라이딩 팀은 혈혈단신 동방에서 온 여행자를 환영할 것이다.

혼자 하는 여행을 두려워 마라. 시간이 흘러서 차츰 미국의 자연환경에 익숙해지다 보니 견딜 만 했지, 솔직히 나도 망망대해 같은 캘리포니아 모하비 사막을 통과할 때는 폐쇄공포증을 느낄 만큼 무서웠고, 여러 차례 악몽까지 꾸었다. 이런 단독여행의 장점은 무엇보다 의사결정의 자유로움이 아닐까 한다. 쉬고 싶을 때 동반자의 눈치를 보고 마음대로 쉴 수 없다면 그것은 고역일 것이다. 만약 외로움이 찾아오면 망설이지 말고 현지 가정집의 문을 노크해 보자. 나는 그 덕분에 별반 외로움을 느끼지 않고 미국을 횡단할 수 있었다. 나에게 다시 한번 미국을 자전거 여행하는 기회가 주어진다면, 그 때는 기꺼이, 즐거운 마음으로 혼자 가는 것을 택하겠다.

15 자전거 포장상자 구입

자전거 포장 상자는 자전거가 거의 팔리지 않는 겨울철에 구하기 쉽지 않을 수 있다. 사전에 단골 자전거 가게에 부탁하면 좋다. 미국에서 한국으로 돌아올 때는 여름철이라서 포장상자 구하기가 어렵지 않을 것이다. 나는 윌리암스버그 암트랙 역에서 얻었다. 참고로 미국에서는 기차나 고속버스에 자전거를 실을 때 한국과는 달리, 포장 상자에 자전거를 넣어야 한다.

16 여행 준비물

기본원칙은 무게와 부피 줄이기이다. 그런데도 나의 짐 무게는 자전거를 포함해서 47kg이나 되었다. 여행을 마치고 짐을 정리하다 보니 미국으로 가져갔던 짐의 반은 미국 여행하는 내내 한 번도 사용하지 않은, 처음 포장한 상태 그대로였다. 혹시나 해서 준비해 갔는데, 아무 일이 없어서 도로 가지고 왔다.

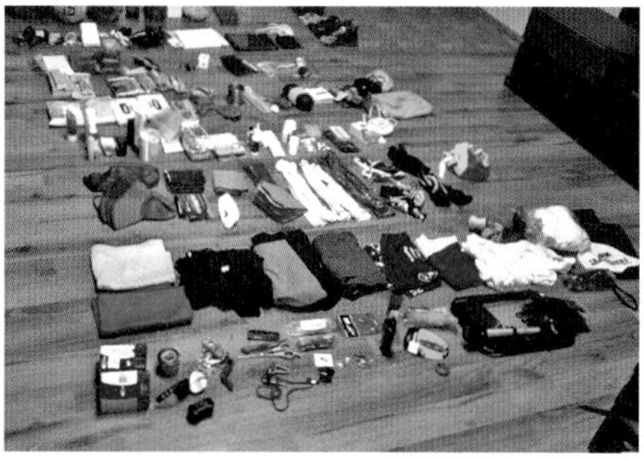

17 메시지 예약발송

국내에서 자전거를 타든 해외에서 타든, 자전거 여행은 다른 여행에 비해서 위험한 것이 사실이다. 차량과 도로를 공유하므로 언제든지 예기치 못한 사고가 발생할 수 있다. 나는 출국 전에 미리 유언장을 써 놓고 통신사에 메시지 예약발송을 의뢰해 놓았다. 유언장 발송일은 예정 귀국날짜로부터 이틀 후로 정했다. 만약 내가 예정날짜에 귀국하지 못하면, 그 이틀 후에 유언장이 안사람에게 자동으로 발송된다. 다행히 아무 사고 없이 귀국 일자에 맞춰서 집에 돌아왔고, 안사람을 놀라게 하는 일은 없었다. 집으로 돌아와서는 곧바로 예약발송을 해제하면 된다.

각 가방별 준비물

앞 패니어(오른쪽)

비타민C, 지사제, 두통약, 1회용 밴드, 붕대, 후시딘, 파스, 치실, 기타 복용약, 영양갱, 종이컵, 봉지커피, 세제, 머리빗, 노끈, 비닐팩, 셀카봉, 허리가방, 고무줄, 여권, 국제운전면허증, 휴지, 맥가이버칼, 우산, 태극기, 성조기, 지도 덮개, 스마트폰 거치대

앞 패니어(왼쪽)

코펠, 스패너, 체인오일, WD, 절연 테이프, 체인 커터, 체인 링크, 니플, 예비 체인, 예비 나사, 예비 튜브, 케이블 타이, 작업용 장갑, 가위, 운동화,

뒤 패니어(오른쪽)

후레쉬, 보조배터리, 이어폰, 카메라충전기, SD카드, 마우스, 스마트폰충전기, USB, 선물, 명함, 세면도구, 선크림, 수영모자, 물안경, 때수건, 손톱깎이, 옷핀, 바늘, 실, 빨랫줄, 옷핀, 족집게, 귀후비개, 콧털가위, 치실

뒤 패니어(왼쪽)

노트북, 긴팔 상의, 긴팔 츄레닝2, 반팔 상의3, 바람막이, 베개, 팬티2, 런닝2, 양말3, 자전거 장갑3, 팔토시2, 다리토시, 두건, 머플러, 손수건, 수건2, 사파리 모자, 얼굴 가리개, 안대, 겨울철 슈즈카버, 귀마개, 빵모자, 목도리, 휴지, 헬멧 내피

- 노트북은 자전거가 넘어질 때의 충격 흡수를 위해서 옷가지 속에 넣었다.

핸들바 백

선글라스, ACA지도, 볼펜, 노트, 동전지갑, 스마트폰3, 예비 속도계, 카메라

랙백

텐트, 침낭, 에어매트, 에어펌프, 오리털 상의

배낭

노트북

앞 패니어(오른쪽) : 3.2kg, 앞 패니어(왼쪽) : 3.2kg, 뒤 패니어(오른쪽) : 5.0kg, 뒤 패니어(왼쪽) : 6.3kg, 핸들바 백 : 2.0kg, 랙백 : 2.2kg, 배낭 : 3.7kg

자전거 포장박스 : 22.4kg, 위탁수하물 : 20.4kg, 기내 반입 배낭 : 노트북 3.7kg

- 자전거 포장상자의 빈 구석에 물통 4개, 클릿신발, 헬멧 등 부피가 큰 물품을 함께 넣었다.
- 기내 반입 배낭에 노트북, 스마트폰3개, 각종 충전기, 카메라 등을 담았다.

18

항공권 구입

동남아시아를 자전거 여행할 때는 저가항공사를 이용했지만, 미국 갈 때는 국적기를 예약했다. 비싼 항공사를 이용한 것은 미국행 저가항공편을 찾지 못한 점도 있지만, 그것보다는 23kg 위탁수하물을 두 개까지 실을 수 있다는 점에 마음이 끌렸다. 하나에는 자전거를 담았고, 다른 가방에는 여행물품을 담았다. 대부분의 저가항공사는 엄격한 무게 제한이 있고, 위탁수하물 개수도 하나만 허용한다.

19

모험자전거협회ACA 지도

자전거로 미국 횡단을 꿈꾸는 사람이라면 꼭 검색할 필요가 있는 사이트가 모험자전거협회 (Adventure Cycling Association, www.adventurecycling.org) 홈페이지이다. 이 사이트에서 미국의 다양한 자전거 여행 경로와 GPX파일을 무료로 내려 받을 수 있다. 한 걸음 더 나아가 유료지도를 구입하면 내가 가고자 하는 루트 상의 어디쯤 숙박시설과 음식점, 자전거 가게 등이 있는지 알 수 있다. 출국 전에 미리 인터넷으로 주문해서 경로를 학습한다면 어느 정도 시행착오를 줄일 수 있을 것이다. 구입은 모험자전거협회의 홈페이지에서 할 수 있다.

• 트랜스아메리카 트레일 지도는 오리건주 애스토리아에서부터 버지니아주 요크타운까지 총 4,228마일을 지도책 12권으로 제작했다. 세트 구입비용은 177달러이며 낱권은 15.75달러이다.

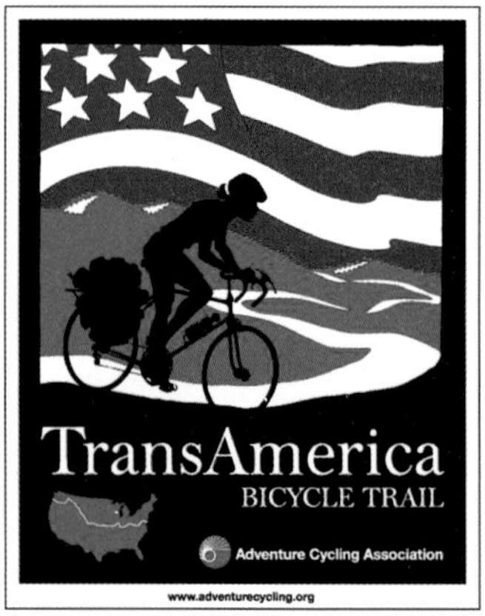

20 미국 횡단 패키지 상품

모험자전거협회의 자전거 여행 상품은 여러 가지가 있다. 여행자가 자신의 짐과 팀원이 공동으로 사용할 취사도구 및 식기 등의 짐을 분담해서 가지고 가는 셀프 운반self contained 상품, 텐트를 치지 않는 숙박시설에서 묵는 인투인inn to inn 상품, 짐을 자동차로 운반하는 밴 지원Van Supported 상품 등이 있다. TransAM 상품을 포함해서 모험자전거협회의 여행상품은 해마다 출시되며, TransAM 상품은 매년 5월에 출발한다. 요구 체력수준이 상급(Advanced)이라지만, 일일 주행거리가 100km를 넘지 않아서 충분히 따라 갈 수 있을 것이다. 금년에 미처 준비하지 못했다면, 다음 해를 기약하면 된다.

I. TransAM (Self contained tour)

기간 : 2017년 5월 13일~8월 13일 (93일간) | **라이딩 일수 :** 78일 (일일 평균 주행거리 87킬로미터)
참가비 : 5,369달러 | **모집인원 :** 14명
출발지 : 버지니아주 윌리암즈버그 Williamsburg, VA | **도착지 :** 오리건주 프로렌스 Florence, OR
주행거리 : 4,253마일(6,804킬로미터) | **주행도로 :** 포장도로
최고 고도 : 해발 11,500피트 (3,505미터)
기타
• 음식 : 공동 조리 (shared cooking), • 숙박 : 캠핑 또는 인도어 (indoor), • 요구 체력 : 상급 (advanced)

II. TransAM (Van Supported tour)

기간 : 2017년 5월 7일~7월 28일 (83일간) | **라이딩 일수 :** 72일 (일일 평균 주행거리 94킬로미터)
참가비 : 7,649달러 | **모집인원 :** 13명
출발지 : 버지니아주 윌리암즈버그 Williamsburg, VA | **도착지 :** 오리건주 프로렌스 Florence, OR
주행거리 : 4,232마일(6,771킬로미터) | **주행도로 :** 포장도로
최고 고도 : 해발 11,500피트 (3,505미터)
기타
• 음식 : 공동 조리 (shared cooking), • 숙박 : 캠핑 또는 인도어 (indoor), • 요구 체력 : 상급 (advanced)

21

시차 적응

무비자로 미국에 입국하면 3개월을 체류할 수 있고, 미국을 횡단하는 데 대략 3개월이 걸린다. 미국 도착 후에 곧바로 여행을 시작해야지, 아니면 횡단하는 내내 출국날짜에 쫓길 수 있다. 상황이 이러하니 시차 적응할 시간적 여유가 없게 된다. 나는 나름의 시차 적응 노하우 덕분에 첫날부터 샌프란시스코 이곳 저곳을 다니면서 구경할 수 있었고, 입국 사흘째 되는 날에 여정을 시작했다. 비결은 다름 아닌, 와인 두어 잔을 마시고 억지로 잠을 청하는 것이다.

22

똑똑한 스마트폰 앱

아이폰 전용 모션엑스-GPS는 오프라인 상태에서도 작동이 될 뿐만 아니라, 오차범위도 5m 이내로 매우 정확하다. 나는 출국 전 2개월 동안 미국 샌프란시스코에서부터 로스앤젤레스를 거쳐서 워싱턴까지 6천 킬로미터 넘는 거리를 구글어스를 이용해서 하나하나 컴퓨터 마우스를 클릭해 가며 GPX 파일을 만들었다. 어디에 숙박시설과 음식점 등이 있는지 일일이 검색했다. 이 작업은 방대해서 많은 시간이 소요되었고, 이렇게 만든 파일을 모션엑스-GPS로 보내서, 미리 저장해 놓은 지도 위에 얹었다. 하지만 대부분 RV Park에 텐트를 칠 수 없으니, 애써 만든 GPX파일을 미국에서 활용하지 못하고, 구글맵을 자전거 모드로 다운로드 받아서 사용했다. 가끔 맵스미maps.me 앱도 이용했는데, 이 앱은 음식점과 숙박시설의 위치를 찾는 데 유용했다.

23 웜샤워란?

웜샤워warmshower는 자전거 여행을 즐기는 사람들의 모임으로, 자신이 사는 지역으로 오는 전 세계 자전거 여행자에게 잠자리와 식사를 무료로 제공해 주는 공동체이다. 자신이 게스트가 될 수 있고, 반대로 호스트도 될 수 있다. 가입방법은 먼저 웜샤워 사이트(www.warmshowers.org)에 들어가서 아이디와 연락처, 자신이 제공할 수 서비스 등을 입력하면 된다.

나의 경우는 대략 일주일 전에 여행경로를 확정하고, 루트 상에 거주하는 웜샤워 멤버가 있는지 검색했다. 적지 않은 회원들은 웜샤워에 가입만 했지, 활동하지 않는 휴면상태였다. 그들에게 호스트 요청 메일을 보내면 대부분 응답이 없었다. 성공확률을 높이기 위해서는 회원들의 프로필을 보고, 메시지 응답률이 높고 피드백이 많은 회원 위주로 요청 메일을 보내는 것이 좋다.

물론 호스트 요청 메일에는 자신이 누구인지, 왜 이번 여행을 하는지 부언하면 호스트의 의사결정에 긍정적인 영향을 주지 않을까 싶다. 아울러 호스트로부터 진심 어린 대접을 받았다면 곧바로 호스트의 프로필 사이트에 피드백을 남겨주는 것도 좋을 것 같다. 나는 미국으로 출국하기 전에 인사동에 들려서, 호스트들에게 선물할 책갈피와 복주머니를 샀고, 호스트 집을 방문하기 직전에는 인근의 식료품점에서 과일이나 주류 등을 사 갔다.

24 웜샤워 피드백의 중요성

출국 전에 산타 크루즈Santa Cruz의 유명한 웜샤워 멤버에게 호스트요청 메일을 보냈다가 거절당했다. 그녀는 처음에는 환영한다고 했다가, 내 프로필에 다른 멤버로부터 받은 피드백이 없는 것을 알고는 초청을 번복했다. 내가 웜샤워 가입 3년이 넘었는데, 아무런 피드백이 없는 것이 문제였다. 피드백은 나를 초대해 준 호스트에게, 또는 호스트가 자신의 게스트인 나에게 남기는 댓글이다. 이처럼 일부 미국인은 먼저 베푸는 것을 중요하게 생각했다. 이 점을 참조해서 미리 대비하면 웜샤워 호스트를 만나기가 좀 더 수월하지 않을까 싶다.

25

카우치서핑

미국 중부로 들어오니 서부지역과는 달리 나를 초대할 만큼 적극적인 웜샤워 멤버가 많지 않았다. 그래서 카우치서핑에 20달러를 내고 회원가입(www.couchsurfing.com)을 했지만, 웜샤워에서 만큼 열렬한 호응을 얻지 못했다

26

잠자리

- 웜샤워 호스트 : 숙박 예정일 4~7일 전에 경로 상에 있는 웜샤워 멤버에게 이메일을 보내서 초대해 달라는 요청을 했다. 나를 초대했던 호스트들은 한국에 대한 관심이 지대했다. 미리 한국을 소개하는 영문자료를 구하거나, 영어로 설명할 수 있는 능력을 갖추면 좋다.
- ACA 추천 숙박시설 : 소방서, 교회, 공공시설 등에 투숙 1~3일 전에 전화로 숙박요청을 하면 된다. 대부분 실내에서 잘 수 있지만, 간혹 실외에 텐트를 쳐야 하는 경우도 있다.
- 텐트 : 주립공원은 입장료가 저렴하지만, 편의시설이 좋은 KOA는 조금 비싸다.
- 모텔 : 숙소 예약사이트를 통해서 예약하면 된다. 예약하지 않고 현지에서 숙소를 잡아도 대부분 빈방이 있었다. 모텔마다 숙박료에 붙는 세금이 달라서 숙박료가 싼 모텔을 찾아가도, 어떤 곳은 세금이 많아서 다른 곳보다 비싼 경우가 있었다.

미국 체류 89일 동안 모텔 27일, 웜샤워 호스트 집 26일, 텐트 17일, 소방서 6일, 교회 5일, 한인 가정집 3일에서 묵었다.

27

이용한 숙소 예약사이트

여행 경로에 웜샤워 호스트가 없거나 마땅한 캠핑장이 없는 경우는 모텔을 예약했다. 숙소 예약은 트리바고(www.trivago.com), 호텔스컴바인(www.hotelscombined.com), 아고다 (www.agoda.com), 호텔스닷컴(www.hotels.com), 익스피디아(www.expedia.com)를 이용했다. 작은 마을에 있는 모텔은 일부 예약 사이트에서 잘 검색되지 않아서, 여러 곳을 뒤져야 하는 때도 있었다

28 식사

소규모 마을에서는 아침 7시경에 문을 연 음식점을 찾기가 쉽지 않았다. 그러다 보니 전날 식품점에서 구입한 냉동식품으로 아침을 해결하는 때가 많았다.

점심은 주행 중에 눈에 띄는 패스트푸드 가게에서 테이크아웃을 하던지, 아니면 전날 저녁에 사다 놓은 냉동식품을 출발 전에 전자레인지로 데워서 가지고 나갔다. 간혹 주유소에 딸린 간이매점에서 점심을 사 먹을 때도 있었다. 내가 제일 좋아하는 패스트푸드는 서브웨이 샌드위치였다. 다양한 채소를 섭취할 수 있고 양도 푸짐했다.

저녁은 숙박지 인근의 음식점을 찾아간다거나, 식품점에서 소고기와 소시지, 버섯 등을 사와서 숙소에서 구워 먹었다.

그 외 온종일 자전거를 타다 보면 에너지 소모가 많아서 늘 간식을 가지고 다녔다. 배가 고플 때 식빵에 잼과 땅콩버터를 발라서 먹으면 만들기 간단하고, 탄수화물 섭취도 쉬웠다.

29 무료함 달래기

온종일 자전거 안장에 앉아서 페달을 돌리다 보면 무료하다. 이럴 때는 MP3에 저장해 놓은 노래를 들었다. 자전거를 타면서 매일 음악을 들으려면 저장해 놓은 음악이 많아야 덜 지루하지 않을까 싶다. 간혹 무료한 저녁 시간에는 노트북에 저장해 놓은 영화를 보며 시간을 보냈다.

30 한국으로 안부 전하기

미국에 체류하는 동안 가족에게 매일 안부 메시지를 보내기로 출국 전에 약속했다. 인터넷이 될 때는 카톡이나 메시지로 간단히 안부를 전할 수 있지만, 인터넷과 전화 연결이 안 되는 통신사 커버리지 밖에 머물 때는 안부 메시지를 보낼 방법이 없다.

내가 캔자스주를 통과했을 때, 마침 한국의 TV에서 그 지역에 토네이도가 발생해서 사람이 죽고 다쳤다는 뉴스가 나왔다고 한다. 그러니 내 안전을 염려하는 가족의 걱정이 이루 말할 수 없이 컸다. 다음 날 통신 오지인 시골로 들어가는 경우에는 미리 내일은 연락을 못 한다는 메시지를 보내서 가족들의 근심과 걱정을 덜어주는 게 좋다. 아니면 주변의 현지인에게 부탁해서 한국의 가족에게 메시지 보내달라고 부탁해도 좋지 않을까 한다.

31 날씨와 일기예보

미국 중서부지역을 여행할 때 가장 많이 신경이 쓰였던 것은 바람 방향이었다. 스마트폰에 일기예보 앱을 깔아놓고 매일매일 출발 전에 바람 방향과 날씨를 확인했다. 바람은 대개 오후에 강해지는 경향이 있어서 그 점을 고려해서 여러 가지 코스 중에서 어떤 길로 갈지를 결정했다.

32 보온 우비와 우산 구입

미국이라는 나라가 워낙 방대하니, 수시로 토네이도, 폭우, 강풍 등을 만날 수가 있다. 4월에 비를 맞으면 춥다. 자칫 저체온증에 걸릴 수도 있으니, 현지에서 보온 우비를 구입하면 좋다. 또한 미국 중서부의 도로 주변에는 햇볕을 가릴 나무 그늘이나 휴식공간이 전혀 없다. 강렬한 태양볕을 피해서 잠시 휴식이라도 취하려면 우산이 필요하다.

33 피부관리

태평양을 등지고 내륙으로 들어오니 상상을 초월할 정도로 건조했다. 입술이 갈라지고 40여 일이 지나도록 아물지 않았다. 겨우 아물만하면 음식을 먹을 때 다시 갈라졌다. 수시로 립밤을 발랐지만, 효과가 없었다.

한국에서는 자외선을 차단하려고 얼굴에 버프를 두르고 자전거를 타지만, 미국은 그런 문화가 없었다. 버프 두른 사람을 볼 수가 없었다. 그러니 나도 얼굴에 자외선 차단제만 발랐다. 이렇게 선크림을 매일 두텁게 바르다 보니 60여 일이 지나면서 얼굴에 부작용이 생겼다. 얼굴이 퉁퉁 부었다. 월마트 약국에 가서 부은 얼굴을 보여주니 약한 성분의 차단제를 추천해 주었다. 그 덕분에 다행히 얼굴의 부기가 빠졌다.

34 미국인들의 여행용 자전거는?

우리나라에서는 엠티비MTB에 리어랙Rear Rack을 설치하고 여행용으로 사용하지만, 미국을 횡단하는 동안 엠티비로 여행하는 사람을 보지 못했다. 미국인들은 차고에 용도가 다른 여러 대의 자전거를 가지고 있어서, 그때그때 주변 환경에 맞는 자전거를 타는 듯했다. 미국이나 유럽의 라이더들은 전문 여행용 자전거 또는 로드바이크 계열의 크로스컨트리 모델을 여행용 자전거로 사용했다.

35 히치하이킹

모두 세 차례 히치하이킹을 시도했지만, 딱 한 번 성공했다. 히치하이킹이 법적으로 금지된 주가 대부분이고, 요즘은 미국인들도 하이하이킹을 잘 하지 않는다고 한다.

36 짐 무게 줄이기

미국 중서부는 5월 초순까지 추웠다. 이 시기가 지나면 날씨가 풀려서 겨울옷이 불필요하게 된다. 나는 두 차례에 걸쳐서 우편으로 뉴저지에 거주하는 지인에게 겨울옷과 불필요해진 짐들을 보냈다.

37 옷가지 세탁

동남아시아를 여행할 때는 땀에 절은 옷가지를 세제 풀어서 일일이 손 세탁했지만, 미국은 곳곳에 세탁기가 있어서 손 세탁할 필요가 없었다. 다만 매일 입는 옷이 몇 가지가 안 되는데 그것만 넣고 세탁기를 돌리기가 낭비라서 아까웠다.

38 와이파이 속도

한국과 달라서 미국의 와이파이 속도가 느리다. 일기를 쓰고 사진과 함께 블로그에 올리려면 '참을 인' 자를 몇 번이나 새겨야 한다. 이처럼 가정집이나 모텔은 와이파이 속도가 느리지만, 작은 시골 마을에도 있는 도서관에 가면 빠른 속도의 와이파이를 만날 수 있다. 일기를 쓰고 싶다면 본문은 숙소에서 작성하고 사진은 도서관에서 올리면 시간을 절약할 수 있다. 놀랍게도 홀리데이인 같은 큰 규모의 모텔에서는 와이파이 속도가 우리나라만큼 빨랐다.

39 퀵스탠드 유감

로키산맥을 넘기 전까지 짐 무게를 줄이는 게 지상과제였다. 한국에서 무게를 조금이라도 더 줄이기 위해서 자전거에 부착되어 있던 퀵스탠드를 떼어냈다. 그러다 보니 주행을 하다가 사진을 찍을 때 난감했다. 조금만 가까이 가면 멋진 사진을 찍을 수 있는데, 자전거를 세워놓을 수 없으니 사진 찍기를 포기하고 그냥 지나친 적이 한두 번이 아니었다. 자전거를 눕혀 놓고 사진을 찍을 수 있지만, 쓰러져 있는 무거운 자전거를 세우는 것이 보통 힘들지 않았다. 로키산맥을 넘고 나서야 두발 달린 튼튼한 퀵스탠드를 샀다.

40 저렴한 패니어 유감

몇 년 전에 공동구매를 통해서 패니어를 구입했다. 검은색 색상에 디자인이 투박해도 가격이 저렴해서 별 불만 없이 감사한 마음으로 달고 다녔다. 그에 비해서 미국 라이더들의 패니어는 노랗고, 빨갛고, 하얗고… 다양한 색상에 디자인도 멋있었다. 앞으로는 조금 비용이 더 들더라도 정품을 구입하려고 한다.

41 개 퇴치방법

켄터키 주에서는 풀어놓은 개들이 많아서 주의해야 한다. 특히 송아지만 한 개들이 사납게 짖으며 덤빌 때는 간이 콩알만 해 진다. 개를 쫓는다고 자칫 잘못하면 낙상사고를 당할 수 있다. 나는 개퇴치 스프레이를 이용해서 효과적으로 개를 쫓았다. 동남아를 여행할 때는 호루라기를 불어서 개를 쫓으려고 했는데, 개는 놀라지 않고, 대신에 주변 사람들이 더 놀랐다. 도로에서 만난 캐나다 여행자는 장난감 물총을 가지고 가다가 개가 덤비면 물총을 쏜다고 한다. 개가 깜짝 놀라서 주춤하는 사이에 재빨리 도망친다고 하니 별의별 아이디어가 다 있다.

42 미국 도로표지판

하이웨이를 주행하다 보면 출구표시판에 번호가 있었다. 나는 그 번호가 단순한 일련번호인 줄 알았다. 그런데 나중에 알고 보니 주州의 초입부터 그곳까지의 거리를 표시한 것이었다. 번호를 보면 그 동안 얼마나 왔고, 앞으로 얼마 남았는지 알 수 있다.

43 영어 구사 능력

나는 영어를 잘하지 못하지만, 생존영어는 그런대로 할 수 있어서 큰 어려움이 없었다. 그렇지만 미국인들과 대화할 때는 내가 영어가 서툰 외국인이라는 것을 알릴 필요가 있다. 그렇지 않으면 다른 현지인에게 하듯이 빠른 속도로 이야기한다. 그렇게 말하면 거의 알아들을 수 없다. 그때마다 다시 말해달라고 하기도 미안해서, 그냥 알아들은 척도 많이 했다.

44 과했던 혹은 부족했던 준비물

미국 체류 기간의 1/3은 미국 가정집에서 숙박했고, 나머지는 대부분 세탁기가 있는 모텔이나, 공공기관에 투숙하다 보니 매일 빨래를 했다. 그렇게 되니 같은 옷을 계속 입게 되고, 여분으로 가져간 옷가지는 필요 없었다. 심지어 나는 스마트폰을 3개나 가지고 갔다. 아이폰3GS는 MP3용, 아이폰4는 내비게이션용, 아이폰5는 인터넷 검색의 용도로 말이다. 그러다 보니 노트북, 카메라, 스마트폰 충전기 등 전자제품의 무게와 부피가 상당했다.

반면 부족했던 것은 부피 때문에 5개만 가져간 라면이다. 절대적으로 부족한 양이었다. 퍽퍽한 미국 음식을 먹다 보면 수시로 얼큰한 국물이 생각났다. 라면 수프만 가져가서 현지에서 살 수 있는 싱거운 미국 라면을 끓일 때 넣으면, 향수병이 찾아올 때 좋을 것 같다. 웬만한 것은 미국에도 다 있으니 굳이 한국에서 가져가지 말고, 그곳에서 사면 된다.

45 가장 아쉬웠던 것

대부분의 웜샤워 호스트 집에 하루를 머물렀지만, 이틀 머문 집도 3곳이 있다. 이럴 때는 모두 5끼를 먹게 되는데, 최소한 한 끼 정도는 한국 음식을 만들어서 호스트에게 대접했어야 한다. 그렇게 하지 못한 게 아직도 아쉽다. 이처럼 신세를 진 미국인에게 불고기나 비빔밥같이 미국에도 알려진 한국음식을 스마트폰으로 검색해서 요리하면 된다. 나는 당시에 스마트폰을 이용할 생각을 하지 못했고, 설령 그런 생각을 했더라도 인터넷이나 와이파이 연결상황이 좋지 않아서 힘들었을 것이다. 2014년에 요리학원에 두 달 정도 다닌 적이 있지만, 그 후에 직접 요리하지 않아서 요리법이 전혀 기억나지 않았다.

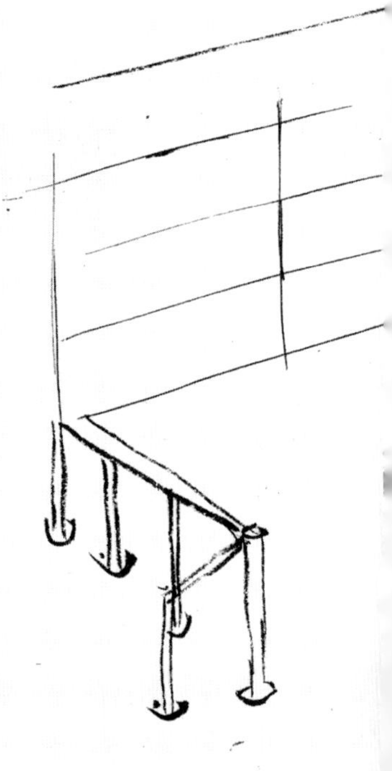

Incheon international Airport
Crossing U.S.A by Bike
Welcome back to korea
Mr. Min!
2015.3.29~2015.6.26
6141km

60대에 홀로 떠난
미국 횡단 자전거여행

지은이 | 민병옥
펴낸이 | 최병식
펴낸날 | 2017년 7월 3일(재판)
펴낸곳 | 주류성출판사
주소 | 서울특별시 서초구 강남대로 435(서초동 1305-5) 주류성빌딩 15층
전화 | 02-3481-1024(대표전화) 팩스 | 02-3482-0656
홈페이지 | www.juluesung.co.kr

값 16,000원

ISBN 978-89-6246-310-1 03980